AGA_A_0409_01. Caracterización de la vegetación espontánea no deseada

Beatriz Coronado García

ic editorial

AGA_A_0409_01. Caracterización de la vegetación espontánea no deseada
© Beatriz Coronado García

1ª Edición

© IC Editorial, 2026

Editado por: IC Editorial
c/ Cueva de Viera, 2, Local 3
Centro Negocios CADI
29200 Antequera (Málaga)
Teléfono: 952 70 60 04
Fax: 952 84 55 03
Correo electrónico: iceditorial@iceditorial.com
Internet: www.iceditorial.com

ISBN: 979-13-7027-184-8
Depósito Legal: MA 497-2026

Impresión: PODiPrint
Impreso en Andalucía – España

Nota de la editorial: IC Editorial pertenece a Innovación y Cualificación S. L.

Presentación del manual

El **Certificado Profesional,** anteriormente llamado Certificado de Profesionalidad, constituye el Grado C en el Sistema de Formación Profesional, asociado a un perfil profesional. Acredita la capacitación para el desarrollo de una actividad profesional concreta a través de las competencias adquiridas. Tiene carácter parcial y acumulable cuando existan Ciclos Formativos (Grado D) en los que sus módulos profesionales se encuentren contenidos en su totalidad o en parte.

El elemento mínimo acreditable es el **Estándar de Competencia.** La suma de las acreditaciones de los Estándares de Competencia conforma la acreditación del **Módulo Profesional** (Grado B).

Un Estándar de Competencia se define como una agrupación de tareas productivas que realiza el profesional. Los diferentes Estándares de Competencia de un Certificado Profesional conforman la **Competencia General.** Definiendo el conjunto de conocimientos y capacidades que permiten el ejercicio de una actividad profesional determinada.

Cada Estándar o Estándares de Competencia lleva asociado un Módulo Profesional, donde se describe la formación necesaria para adquirir ese Estándar de Competencia, pudiendo dividirse en **Bloques Formativos** (Grado A).

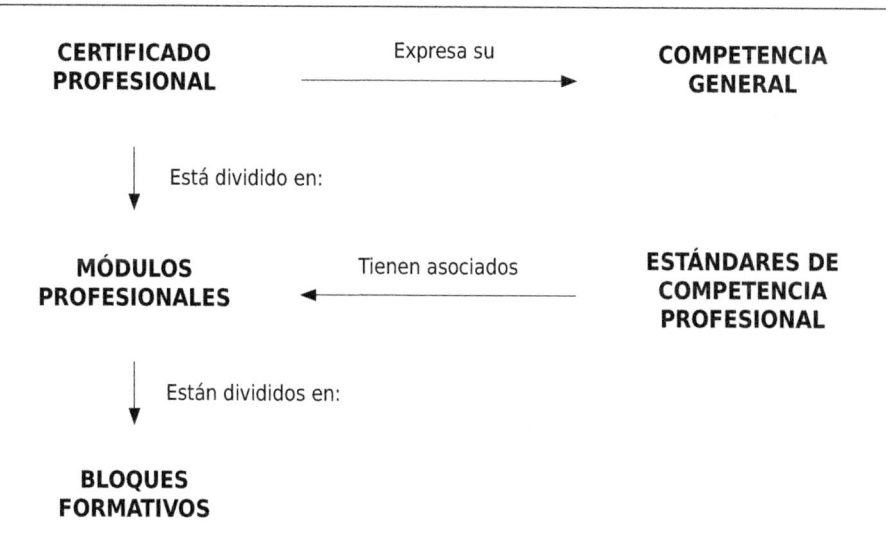

El presente manual desarrolla el Bloque Formativo **AGA_A_0409_01. Caracterización de la vegetación espontánea no deseada,**

Perteneciente al Módulo Profesional **AGA_B_0409. Principios de sanidad vegetal,**

Asociado al Estándar/Estándares de Competencia:

⇨ **UC0525_2:** Controlar las plagas, enfermedades, malas hierbas y fisiopatías,

del Certificado Profesional **AGA_C_008_4B. Sanidad vegetal y control fitosanitario.**

AGA_A_0409_01 **CARACTERIZACIÓN DE LA VEGETACIÓN ESPONTÁNEA NO DESEADA**	Tiene asociado el ←	**ESTÁNDAR DE COMPETENCIA** UC0525_2

Compuesto de los siguientes
BLOQUES FORMATIVOS

TÍTULOS

AGA_A_0409_01. Caracterización de la vegetación espontánea no deseada — Contenidos desarrollados en este manual

AGA_A_0409_02. Determinación de la fauna perjudicial y beneficiosa para los vegetales

AGA_A_0409_03. Determinación de los agentes beneficiosos y los que provocan enfermedades y daños que afectan a las plantas

AGA_A_0409_04. Determinación del estado sanitario de las plantas

AGA_A_0409_05. Caracterización de los métodos de protección para las plantas

FICHA DE CERTIFICADO PROFESIONAL

AGA_C_008_4B. SANIDAD VEGETAL Y CONTROL FITOSANITARIO
(Real Decreto 207/2025, de 18 de marzo)

COMPETENCIA GENERAL: Realizar actividades de control de plagas, enfermedades, malas hierbas y fisiopatías en cultivos y masas forestales cumpliendo con la normativa medioambiental, de control de calidad y de prevención de riesgos laborales.

Estándares de Competencias Profesionales		Ocupaciones o puestos de trabajo relacionados
UC0525_2	Controlar las plagas, enfermedades, malas hierbas y fisiopatías.	• Aplicadores/as de productos fitosanitarios.

Correspondiencia con el Catálogo Modular de Formación Profesional		
Módulos profesionales	**Bloques formativos**	**Horas**
AGA_B_0409. Principios de sanidad vegetal (100 h)	AGA_A_0409_01. Caracterización de la vegetación espontánea no deseada	20
	AGA_A_0409_02. Determinación de la fauna perjudicial y beneficiosa para los vegetales	20
	AGA_A_0409_03. Determinación de los agentes beneficiosos y los que provocan enfermedades y daños que afectan a las plantas	20
	AGA_A_0409_04. Determinación del estado sanitario de las plantas	20
	AGA_A_0409_05. Caracterización de los métodos de protección para las plantas	20
AGA_B_0479. Control fitosanitario (160 h)	AGA_A_0479_01. Determinación de los productos químicos fitosanitarios que se deben aplicar	25
	AGA_A_0479_02. Almacenamiento y manipulación de los productos químicos fitosanitarios.	25
	AGA_A_0479_03. Aplicación de métodos físicos, biológicos y/o biotécnicos	20
	AGA_A_0479_04. Preparación de productos químicos fitosanitarios	25
	AGA_A_0479_05. Aplicación de productos químicos fitosanitarios	25
	AGA_A_0479_06. Reconocimiento de los riesgos derivados de la utilización de productos químicos fitosanitarios en función de su composición y mecanismos de acción	20
	AGA_A_0479_07. Cumplimiento de las normas de prevención de riesgos laborales y de protección ambiental	20
1732. Nivel básico de Prevención de riesgos laborales		50

Índice

OBJETIVOS GENERALES

Los objetivos generales del **AGA_A_0409_01. Caracterización de la vegetación espontánea no deseada,** son los siguientes:

- Reconocer las plántulas de vegetación espontánea no deseada.
- Identificar las plantas parásitas de los vegetales.
- Determinar las especies mediante el empleo de claves.
- Describir las características biológicas de las especies de vegetación espontánea.
- Identificar la asociación de la vegetación espontánea no deseada con los cultivos.
- Elaborar un herbario con las especies de vegetación espontánea no deseada.
- Valorar la incidencia ejercida por la vegetación espontánea sobre los cultivos.

Identificación, clasificación y características de la vegetación espontánea no deseada

Contenido

1. Introducción
2. Vegetación espontánea no deseada y su importancia agronómica
3. Clasificación general de las malas hierbas
4. Claves para la clasificación e identificación de especies de vegetación espontánea no deseada
5. Reconocimiento de plántulas en viveros y campo
6. Descripción biológica de las especies
7. Plantas parásitas de interés agrícola
8. Resumen

Objetivos

Los objetivos específicos de esta Unidad de Aprendizaje son:

→ Identificar las especies de vegetación espontánea no deseada (malas hierbas) presentes en cultivos, reconociendo sus plántulas en vivero y campo.

→ Distinguir las principales plantas parásitas de interés agrícola mediante claves de clasificación botánica.

→ Describir las características biológicas de las malas hierbas, incluyendo sus ciclos de vida, mecanismos de dispersión de semillas o propágulos y adaptaciones morfológicas y fisiológicas.

→ Analizar la asociación de las malas hierbas con distintos cultivos y hábitats, evaluando los perjuicios que causan en la producción agrícola.

→ Elaborar un herbario con muestras de vegetación espontánea no deseada, siguiendo los procedimientos adecuados de recolección, prensado, montaje y conservación.

→ Identificar las principales plantas parásitas que afectan a cultivos agrícolas y reconocer sus daños.

1. Introducción

La vegetación espontánea no deseada, comúnmente llamada "mala hierba" o "maleza", incluye a todas aquellas plantas que crecen donde no son requeridas, interfiriendo con los objetivos productivos del ser humano. En los campos de cultivo, estas plantas compiten con los cultivos por luz, agua, nutrientes y espacio, pudiendo reducir el rendimiento y calidad de las cosechas de forma significativa. Además, algunas malas hierbas sirven de refugio a plagas y pueden albergar enfermedades, lo que aumenta los desafíos fitosanitarios en la explotación agrícola. Por estas razones, es esencial conocer e identificar las malas hierbas, entender su biología y aprender a gestionarlas de manera eficaz dentro de una estrategia de producción sostenible.

No todas las malas hierbas son iguales: las hay anuales, perennes, de hoja ancha, gramíneas, incluso parásitas. Cada tipo presenta características y comportamientos distintos, requiriendo enfoques específicos para su identificación y control.

Al comprender mejor qué especies componen la flora arvense (vegetación espontánea) en los cultivos y cómo se comportan, el personal técnico y agricultor podrá tomar decisiones informadas para manejar estas plantas de forma integrada, minimizando sus efectos negativos y, cuando sea posible, aprovechando algún efecto beneficioso que pudieran aportar al agroecosistema.

A lo largo de esta unidad, acompañaremos a María, una joven agricultora que acaba de iniciar un huerto ecológico diversificado, en el reconocimiento e identificación de la vegetación espontánea que aparece en su finca, comprendiendo sus características biológicas. Al mismo tiempo, María irá recolectando muestras para crear un pequeño herbario de referencia que le permita consultar y enseñar a su equipo sobre las malas hierbas más comunes de su huerto.

2. Vegetación espontánea no deseada y su importancia agronómica

☞ **HILO CONDUCTOR**

Al empezar la campaña, María observa hierbas creciendo entre sus cultivos. Algunas compiten con las hortalizas por el agua y los nutrientes, pero otras protegen el suelo o atraen polinizadores. Con el tiempo aprende que no toda la vegetación espontánea es negativa: el equilibrio depende de su cantidad y del momento en que aparece.

La **vegetación espontánea no deseada** se refiere a cualquier planta que crece de forma natural en un lugar controlado (como un campo cultivado, invernadero o jardín) donde su presencia no es querida. A estas plantas se las conoce popularmente como "malas hierbas", "malezas", "hierbas adventicias" o "plantas arvenses".

Desde un punto de vista agronómico, el término implica que dichas especies compiten o interfieren con los cultivos establecidos, provocando efectos negativos en la producción.

La importancia agronómica de las malas hierbas radica principalmente en los **perjuicios** que causan en la agricultura, aunque conviene señalar que en ciertos contextos pueden ejercer algunos efectos beneficiosos puntuales.

Incluso una especie útil (aromática, medicinal, ornamental) puede ser "mala hierba" si aparece donde no se la quiere. Por ejemplo, una mata de menta puede ser apreciada en un huerto de aromáticas, pero, si invade un césped o un semillero de flores, será tratada como "maleza".

La vegetación espontánea no deseada afecta a la producción agrícola de diversas formas:

⮞ **Competencia por recursos.** Compiten con los cultivos por la **luz, el agua, los nutrientes y el espacio físico.** Al tener frecuentemente un crecimiento rápido y sin control, pueden sombrear a las plantas cultivadas, extraer agua del suelo disminuyendo su disponibilidad y consumir nutrientes esenciales (nitrógeno, fósforo, potasio, etc.), reduciendo la cantidad disponible para el cultivo.

Esta competencia suele traducirse en un **desarrollo menor de las plantas cultivadas** y, en consecuencia, en **rendimientos más bajos.** Por ejemplo, la presencia de gramíneas anuales agresivas en un cultivo de trigo puede mermar significativamente la cosecha de grano.

⇨ **Hospedaje de plagas y enfermedades.** Muchas malas hierbas sirven de **refugio o huésped a insectos plaga, ácaros, nematodos u organismos patógenos** (hongos, bacterias, virus) que afectan a los cultivos. Al permanecer en los bordes de campo o entre los surcos, estas plantas espontáneas pueden albergar poblaciones de pulgones, moscas blancas u otros insectos que luego migran al cultivo.

También pueden ser hospedantes alternativos de virus que se transmiten por vectores insectiles. De este modo, una mala hierba no solo compite por recursos, sino que **incrementa la presión de plagas y enfermedades** sobre la parcela agrícola.

⇨ **Dificultad en las labores agrícolas.** Ciertas malezas, por su porte o abundancia, **entorpecen las tareas de cultivo y cosecha.** Especies trepadoras o enredaderas (como la corregüela *Convolvulus arvensis*) pueden enmarañarse entre los cultivos y la maquinaria, dificultando la recolección mecánica. Malas hierbas de tallos leñosos o duros pueden dañar aperos o reducir la eficiencia de cosechadoras.

Además, la presencia de semillas o restos de malezas en la cosecha (por ejemplo, semillas de *Lolium* mezcladas con el grano de trigo) **contamina la calidad** del producto y exige limpiezas o selecciones posteriores.

⇨ **Aumento de costes de producción.** El manejo de las malas hierbas implica labores adicionales (deshierbe manual, pases de cultivador, siegas) o la aplicación de **herbicidas,** lo que conlleva **mayores costes en mano de obra, combustible o insumos químicos.** Si no se controlan adecuadamente, las malezas pueden obligar a repetir siembras o replanteos, aumentando aún más los gastos. En suma, una alta infestación de malas hierbas eleva el coste de producir cada tonelada de cultivo.

IMPORTANTE

Incluso una sola especie de mala hierba puede generar múltiples problemas. Por ejemplo, *Sorghum halepense* (conocido como "sorgo de Alepo" o "grama") es una gramínea perenne muy invasora: compite vigorosamente por nutrientes y agua, produce rizomas que dificultan la labranza, puede albergar plagas como nematodos del maíz y, al ser tóxica para el ganado en ciertos estados, su presencia reduce el valor forrajero de los rastrojos. Todo ello la convierte en una de las malezas más perjudiciales en varios cultivos extensivos.

A nivel global, se estima que existen unas 8.000 especies de plantas consideradas malas hierbas, lo que representa apenas el 0,1 % de la flora mundial. Sin embargo, ese pequeño porcentaje tiene un impacto desproporcionado en la agricultura.

SABÍAS QUE...

Según expone la Convención Internacional de Protección Fitosanitaria (FAO), entre un 10 % y un 28 % de los cultivos se pierden cada año debido a insectos, hongos, nematodos o malas hierbas.

Algunas especies presentan adaptaciones sorprendentes. Por ejemplo, el diente de león *(Taraxacum officinale)* puede producir miles de semillas por planta, dispersadas por el viento, lo que explica su capacidad para invadir céspedes y campos.

Las malas hierbas compiten por los recursos con los cultivos.

PARA SABER MÁS

Plagas como *Xylella fastidiosa* —que ha devastado millones de olivos en Italia— o *Phytophthora ramorum*, responsable de la muerte súbita del roble, evidencian que el problema persiste y se agrava con el cambio climático y el comercio global.

Continúa en página siguiente >>

<< Viene de página anterior

Accede desde aquí:

https://redirectoronline.com/0409010101

A pesar de sus efectos negativos, cabe señalar que la vegetación espontánea **puede tener algunos roles beneficiosos en agroecosistemas,** especialmente cuando su densidad es baja (por debajo del umbral de daño económico).

Algunos de los **efectos positivos** más importantes de la vegetación espontánea son los que se exponen a continuación:

Protección del suelo
- Evita la erosión al cubrir el terreno tras la cosecha y reducir el impacto de la lluvia.

Aporte de materia orgánica
- Mejora la estructura del suelo al incorporarse antes de fructificar.

Captación de nutrientes
- Algunas especies (p. ej., *Sinapis alba*) extraen nutrientes de capas profundas y los devuelven a la zona arable.

Fijación de nitrógeno
- Las leguminosas arvenses (*Vicia spp.*) enriquecen el suelo al fijar nitrógeno atmosférico.

Hábitat para fauna útil
- Las flores silvestres de lindes atraen insectos beneficiosos, como depredadores de plagas.

Continúa en página siguiente >>

<< Viene de página anterior

Bioindicadores del suelo
- Ciertas malezas revelan condiciones específicas (suelos ácidos, salinos o compactados).

Estos beneficios puntuales de las malas hierbas solo se manifiestan cuando se mantienen **bajos niveles de infestación controlados.** Si exceden ciertos umbrales de densidad o aparecen en periodos críticos para el cultivo, los **efectos adversos superarán con creces a los beneficios.**

Por ello, en agricultura convencional se procura prevenir la proliferación de vegetación espontánea no deseada mediante buenas prácticas (rotaciones, cobertura, labores) y, de ser necesario, métodos de control mecánicos, culturales, biológicos o químicos.

NOTA

El equilibrio es fundamental para convivir con una baja población de arvenses sin que causen daños significativos al cultivo, e incluso aportando cierta biodiversidad funcional al agroecosistema.

ACTIVIDAD COMPLEMENTARIA

1. Reflexiona y busca información sobre cómo ha cambiado la visión de las "malas hierbas" con el avance de la agricultura ecológica y la gestión sostenible de cultivos. Analiza qué papel cumplen hoy las arvenses en la biodiversidad agrícola.

   · ¿Crees que todas las plantas espontáneas deberían eliminarse o algunas pueden aportar beneficios al suelo o a los cultivos?
   · ¿Qué prácticas conoces (o podrías investigar) que permitan mantener un equilibrio entre control y conservación de la vegetación espontánea?
   · ¿De qué manera influye el tipo de manejo agrícola (convencional o ecológico) en la presencia y control de malas hierbas?

3. Clasificación general de las malas hierbas

☞ HILO CONDUCTOR

En el huerto de María, las malas hierbas varían según la zona. En el bancal de tomates, regado en verano, surgen verdolagas y grama; en la parcela de cereal de invierno, brotan amapolas y vallico entre el trigo. María comprende que cada cultivo tiene sus acompañantes naturales y que conocerlos le permite anticipar su aparición y planificar un control más eficaz.

Existen miles de especies de malas hierbas, pero es posible agruparlas en categorías generales según distintos criterios, lo cual facilita su estudio y manejo.

Las **clasificaciones** más habituales de las malas hierbas se basan en: **el ciclo de vida, la morfología (tipo de planta)** y **el hábitat o cultivo donde proliferan.** En los siguientes apartados se describen estas clasificaciones generales con ejemplos de cada grupo.

3.1. Según el ciclo de vida

Las malas hierbas pueden ser **anuales, bienales o perennes,** dependiendo de cuánto tiempo sobreviven y cómo se reproducen.

A continuación, se expone cada **tipo:**

Malas hierbas anuales	- Completan todo su ciclo vital en menos de un año (a menudo en una sola temporada de crecimiento). Germinan, crecen, florecen, producen semillas y mueren dentro del mismo año. Son muy comunes en cultivos de ciclo anual.
Malas hierbas bienales	- Su ciclo biológico abarca dos años. El primer año germinan y desarrollan estructuras vegetativas (hojas en roseta basal, raíces), acumulando reservas; en el segundo año florecen, fructifican y luego mueren.

Continúa en página siguiente >>

[15]

<< Viene de página anterior

Malas hierbas perennes	- Viven varios años (muchas son plurianuales de vida larga) y tienen la capacidad de rebrotar temporada tras temporada. Se propagan no solo por semillas, sino a menudo por órganos vegetativos perennes como rizomas, estolones, tubérculos, bulbos o raíces profundas.

Las malas hierbas **anuales** suelen ser más sencillas de controlar a corto plazo (mueren tras fructificar), pero su abundante **banco de semillas** en el suelo puede implicar reinfestaciones constantes año tras año si no se manejan. En cambio, las **perennes** son persistentes, un fragmento de raíz o rizoma que quede tras la labor puede generar una nueva planta. Por ello, especies perennes como *Sorghum halepense* o *Cyperus rotundus* están entre las malezas más problemáticas del mundo. Un manejo integrado requiere agotar sus órganos de reserva (por ejemplo, repetidas labores para debilitar sus rizomas o herbicidas sistémicos que alcancen las raíces).

3.2. Según su morfología y grupo botánico

Atendiendo a sus características botánicas, las malas hierbas se dividen en **dos grandes grupos morfológicos:** las de **hoja ancha (dicotiledóneas)** y las **graminoides** (monocotiledóneas tipo pasto), a las que se suman algunas categorías especiales como ciperáceas y juncias.

A continuación, se expone cada **tipo** en detalle:

Hierbas de hoja ancha (latifoliadas o dicotiledóneas)
- Son plantas no graminoides, con hojas anchas (frecuentemente con nervaduras en red) y flores generalmente vistosas. Incluyen numerosas familias (compuestas, leguminosas, crucíferas, etc.). Suelen ser más fáciles de identificar por sus flores y hojas amplias.

Gramíneas o pastos (monocotiledóneas de tipo césped)
- Plantas de la familia de las poáceas (gramíneas) caracterizadas por tallos cilíndricos generalmente huecos, hojas largas y estrechas con nervadura paralela, y flores agrupadas en espigas o panículas discretas. Son muy competitivas en cultivos cerealistas y praderas.

Continúa en página siguiente >>

<< *Viene de página anterior*

> **Ciperáceas y juncias**
> - Plantas monocotiledóneas parecidas a gramíneas pero de familias diferentes *(Ciperaceae, Juncaceae)*. Tienen tallos sólidos y con secciones triangulares o circulares, y crecen en ambientes húmedos.

3.3. Según el hábitat o cultivo donde aparecen

Otra forma práctica de clasificar las malas hierbas es por el **ambiente o tipo de cultivo** en que suelen prosperar. Cada sistema de cultivo tiende a aso-ciarse con un "abanico" de malezas típicas adaptadas a sus condiciones (laboreo, riego, época de siembra, etc.).

A continuación, se expone cada **tipo** en detalle:

- **Malas hierbas de cultivos extensivos.** Son las que predominan en siembras a campo abierto de gran escala, como cereales (trigo, cebada, maíz), girasol, colza, etc. En estas condiciones, frecuentemente encon-tramos gramíneas anuales (avena loca, vallico o *Lolium rigidum*) y dico-tiledóneas anuales adaptadas a la época de siembra.
  El vallico (*Lolium rigidum*) es típico en cereales de invierno. Estas male-zas germinan junto con el cultivo y compiten durante todo el ciclo. Su control suele requerir herbicidas selectivos o rotación de cultivos.
- **Malas hierbas de huertas, cultivos hortícolas y frutales (cultivos intensivos).** Aquí aparecen tanto especies anuales (que brotan en los surcos de hortalizas cada temporada) como perennes, ya que en planta-ciones permanentes (frutales, viñedos) las vivaces pueden establecerse. Por ejemplo, la verdolaga (*Portulaca oleracea*), una suculenta anual de verano muy común en huertos regados. También gramíneas perennes como gramón (*Cynodon dactylon*) en los frutales. Estas malezas compi-ten por agua y nutrientes especialmente en cultivos intensivos de regadío.
- **Malas hierbas de praderas y pastos.** En campos dedicados a pastoreo o forraje, las malezas reducen la calidad del pasto e incluso pueden ser tóxicas para el ganado. Suelen ser hierbas perennes o arbustivas que los animales no consumen.
  Por ejemplo, la hierba de Santiago (*Senecio jacobaea*), una planta tóxica para el ganado que invade praderas degradadas. O *Equisetum arvense* (cola de caballo), silícica y no palatable. Estas especies requieren ma-nejo específico (enmiendas, siegas, control químico selectivo) para lim-piar las praderas.

◐ **Malas hierbas acuáticas y arrozales.** En cultivos anegados (arroz) o canales de riego aparecen malezas adaptadas al agua, como *Echinochloa crus-galli* (maleza del arroz), *Cyperus difformis* (coquito del arroz), *Ludwigia peploides* (camalote chico), etc. Su control es complejo por el entorno acuático.

 EJEMPLO

En un viñedo mediterráneo (cultivo leñoso y suelo removido en invierno) son típicas *Conyza canadensis* (rama negra) y *Diplotaxis erucoides* (oruga), que brotan en otoño-invierno tras la poda. En un campo de maíz de verano en riego aparecerán *Xanthium strumarium* (abrojo), *Sorghum halepense*, *Digitaria sanguinalis,* entre otras de ciclo estival.

4. Claves para la clasificación e identificación de especies de vegetación espontánea no deseada

 HILO CONDUCTOR

María encuentra una plántula desconocida en su huerto y, usando una guía de identificación, descubre que es una maleza común. Desde entonces fotografía y anota cada especie que aparece, aprendiendo a reconocerlas antes de que se extiendan por toda la parcela.

Identificar correctamente una mala hierba es el primer paso para manejarla eficazmente. Dada la gran diversidad de especies arvenses, los agrónomos y botánicos emplean **claves de identificación:** herramientas, usualmente en formato de texto o diagramas, que permiten determinar la especie de una planta a partir de sus características morfológicas.

Una **clave de identificación botánica** (a menudo "clave dicotómica") presenta una serie de parejas de características opuestas; el observador selecciona la opción que corresponda a la planta en cuestión y avanza a la siguiente bifurcación de la clave, hasta llegar al nombre de una especie. De este modo, mediante **observaciones simples** (forma y disposición de las hojas, tipo de flor, presencia de vellosidad, color de la savia, etc.), vamos **descartando opciones hasta llegar a la identificación correcta de la especie.**

En una **clave dicotómica,** cada vez que respondes a una pregunta ("Sí" o "No"), el camino se divide en **dos "ramas".**

Cada una de esas ramas puede tener a su vez **nuevas preguntas** (subramas o subdivisiones):

➲ "¿Característica 1?" es la **rama principal.**
➲ Si la respuesta es "Sí", pasas a un **subramo A** (rama secundaria con la siguiente pregunta).
➲ Si la respuesta es "No", pasas a un **subramo B** (la otra rama secundaria).

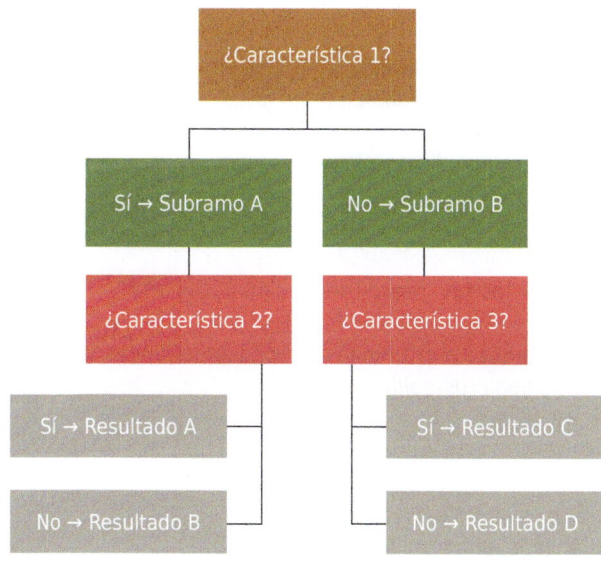

El anterior esquema actúa como una plantilla de árbol de decisiones. Cuando lo apliques a un caso real, solo tendrás que sustituir los textos por los rasgos que se observan, por ejemplo:

¿Hojas estrechas tipo pasto?

➲ Sí → ¿Tiene lígula membranosa?

    ◔ Sí → Resultado A
    ◔ No → Resultado B

➲ No → ¿Exuda látex al cortar?

    ◔ Sí → Resultado C
    ◔ No → Resultado D

 EJEMPLO

En un borrón de cultivo leñoso (viña o frutales) aparece una planta erecta de aproximadamente 50 cm de altura, con hojas lanceoladas opuestas, tallo que al corte exuda un líquido blanco lechoso y en la parte superior una inflorescencia de flores rojas-anaranjadas en umbelas.

Aplicación de clave dicotómica:

Paso 1

¿Hojas estrechas tipo pasto (nerviación paralela)?

    Sí → Pertenece a gramíneas o monocotiledóneas (ej. *Digitaria sanguinalis, Echinochloa crus-galli*).
    No → Ir al paso 2.

Paso 2

¿Hojas anchas, con nerviación reticulada?

    Sí → Ir al paso 3.
    No → Puede tratarse de otro grupo no identificado.

Paso 3

¿Hojas dispuestas en pares opuestas o en verticilos (tres o más por nudo)?

    Sí → Ir al paso 4.

Continúa en página siguiente >>

<< Viene de página anterior

No → Posibles dicotiledóneas con hojas alternas (ej. *Amaranthus retroflexus, Chenopodium album).*

Paso 4

Al cortar tallo u hojas, ¿sale látex blanco?

Sí → Ir al paso 5.
No → Puede pertenecer a otras dicotiledóneas sin secreciones lechosas.

Paso 5

¿Inflorescencia con flores agrupadas, de color rojo-anaranjado en forma de umbela?

Sí → Identificación probable: *Asclepias curassavica.*
No → Requiere revisión; podría ser Euphorbia u otra especie lechosa.

Por los rasgos observados, la planta se identifica como *Asclepias curassavica,* conocida como "flor de sangre", "ordeñuela" o "flor de seda".

PARA SABER MÁS

Este fragmento describe una clave dicotómica general de identificación de plantas mediterráneas (con abundantes especies espontáneas y arvenses).

Accede desde aquí:

https://redirectoronline.com/0409010102

Continúa en página siguiente >>

<< Viene de página anterior

Está organizada jerárquicamente: desde los grandes grupos (gimnospermas vs. angiospermas) hasta familias y, finalmente, especies concretas.

Cada paso divide el conjunto de posibilidades en dos caminos opuestos (dicotomía), basados en rasgos observables: tipo de hoja, presencia de flores, tipo de tallo, etc.

En malherbología, existen guías específicas para identificar malas hierbas **en estado temprano** (plántulas) y también claves para reconocer **semillas y frutos** de malezas. Estas son muy útiles en agricultura, pues permiten detectar la presencia de una mala hierba antes de que cause daños severos (identificándola apenas germina).

 **DEFINICIÓN**

Malherbología
Es la rama de la agronomía (dentro de la fitotecnia y fitosanidad) dedicada al estudio científico de las malas hierbas y su control. Incluye la comprensión de la biología de las malezas, su ecología en los sistemas agrícolas, las técnicas de manejo integrado y el desarrollo de métodos de control (culturales, mecánicos, químicos y biológicos). Un/a especialista en malherbología analiza, por ejemplo, qué especies predominan en cierto cultivo y región, cómo interactúan con el cultivo y qué estrategias de manejo pueden reducir su impacto.

Por ejemplo, la **Sociedad Española de Malherbología (SEMh)** desarrolló una guía virtual con fichas de 150 malas hierbas, incluyendo fotografías de sus semillas, plántulas y plantas adultas, precisamente para ayudar a técnicos y estudiantes en la identificación. En estas fichas se listan características como forma de los cotiledones, tipo de raíz, presencia de pelos en hojas jóvenes, etc., que son distintivas de cada especie.

Continúa en página siguiente >>

SABÍAS QUE...

La *Guía de identificación de propágulos de malas hierbas* es un proyecto desarrollado en el marco de una beca de la Sociedad Española de Malherbología (SEMh) en 2016, elaborado por Jorge Pueyo Bielsa bajo la tutoría de Alicia Cirujeda Ranzenberger del Centro de Investigación y Tecnología Agroalimentaria de Aragón (CITA).

Accede desde aquí a las fichas de las especies, que incluyen con detalles de germinación, hojas, flor y fruto:

https://redirectoronline.com/0409010103

Para emplear una clave de identificación con éxito, se recomienda seguir algunos **pasos:**

Tomar muestras o fotografías de la planta a identificar
- Es recomendable incluir la raíz en las fotos (si es posible), hojas, flores o frutos si los tiene, y una visión de conjunto de la planta entera. Las partes reproductivas suelen ser determinantes para la identificación en claves clásicas.

Observar con detalle las características morfológicas
- Hacerse preguntas como: ¿Cómo son las hojas? ¿Opuestas o alternas? ¿Tienen pecíolo o son sésiles? ¿El borde es entero, dentado o lobulado? ¿Exuda látex la planta al cortarla? ¿De qué color es la flor? ¿Cómo es el fruto, seco o carnoso? Cada detalle puede ser una "pista" en la clave.

Seguir la clave paso a paso
- Hay que asegurarse de comprender cada término botánico (por ejemplo, qué se considera hoja compuesta vs. simple, qué es una espiguilla, etc.; en caso de duda, las claves suelen incluir glosarios o ilustraciones).

Continúa en página siguiente >>

<< *Viene de página anterior*

> **Continuar hasta llegar a un nombre de especie**
> - Si la clave está bien construida y la muestra fue representativa, llegaremos al nombre científico de la mala hierba.

 **EJEMPLO**

Supongamos que María encuentra en su huerto una plántula desconocida. Abre una clave para malas hierbas dicotiledóneas y lee:

Paso 1. Cotiledones presentes (plántula) → ir a paso 2.

Paso 2. Cotiledones anchos, ovales → ir a paso 3; cotiledones estrechos/lineares → ir a paso 5.

(María observa que los cotiledones son anchos y redondeados; sigue al paso 3).

Paso 3. Hojas verdaderas opuestas en el tallo → posible *genus* X; hojas verdaderas alternas → ir a paso 4.

(En su plántula, las primeras hojas verdaderas están opuestas en pares, lo que la lleva a la conclusión de que podría ser *Galinsoga* o *Solanum*. La clave continúa refinando características hasta que María identifica la plántula como *Galinsoga parviflora*, una hierba conocida como "mastranzo" o "galinsoga").

Esta habilidad de reconocer malezas desde su estado inicial permite a María actuar rápido, eliminándolas antes de que produzcan semillas.

Al usar claves de identificación, es útil contar con lupas o lentes de mano para ver detalles pequeños (tricomas, estructuras florales) y con herramientas como reglas para medir hojas o semillas. Además, lo ideal es tener acceso a ilustraciones o fotos de las características descritas en la clave, ya que a veces los textos pueden ser técnicos.

En la era digital, existen aplicaciones móviles y herramientas en línea donde se ingresan características observables y se obtienen listas de especies posibles, complementando las claves tradicionales.

IMPORTANTE

Dominar la identificación de malas hierbas es una competencia esencial en agronomía. Una mala hierba mal identificada puede llevar a decisiones de control equivocadas (por ejemplo, usar un herbicida ineficaz contra esa especie o no anticipar su capacidad de rebrote). Por tanto, dedicar tiempo a aprender las claves y practicar con plantas reales resulta muy valioso para una gestión integrada de cultivos.

EJEMPLO

María encuentra en su huerto una planta desconocida con hojas estrechas y nerviación paralela. Duda entre si se trata de una dicotiledónea o una gramínea.

Para saberlo debería fijarse en el tipo de hoja y su estructura: las gramíneas tienen hojas largas, estrechas y con nervaduras paralelas, mientras que las dicotiledóneas muestran hojas más anchas con nervaduras en red. Por tanto, la planta de María pertenece al grupo de las gramíneas.

TAREA 1

María ha encontrado en su huerto varias plantas desconocidas y decide utilizar una clave dicotómica para identificarlas. Una de ellas presenta hojas opuestas, sin pecíolo visible, y pequeñas flores amarillas. Otra tiene hojas estrechas con nervaduras paralelas y una lígula membranosa en la base.

A partir de esta información:

- Explica qué pasos seguiría María en una clave de identificación para determinar a qué grupo pertenece cada planta.
- Indica a qué familia botánica crees que podría pertenecer cada una y justifica tu elección según sus rasgos morfológicos.
- Propón qué herramienta o recurso digital podría emplear para confirmar la identificación de manera práctica.

5. Reconocimiento de plántulas en viveros y campo

☞ **HILO CONDUCTOR**

En sus bandejas de semillero, María ve brotes distintos a los del cultivo. Observa la forma de los cotiledones y el color del tallo y confirma que son malezas. Ahora revisa sus bandejas cada pocos días para eliminarlas antes de que compitan con las plántulas principales.

- -

El **reconocimiento temprano de plántulas** de malas hierbas es fundamental en viveros, semilleros y campos de cultivo, ya que permite actuar oportunamente antes de que las malezas crezcan demasiado o compitan agresivamente.

Muchas veces, las plántulas de malezas emergen junto con los cultivos o con las plántulas deseadas en almácigos, y distinguirlas a tiempo evita que se desarrollen y causen daños. Sin embargo, identificar una mala hierba en estado de plántula (fase muy joven) puede ser desafiante, pues carece aún de las flores o rasgos definitivos que usamos para reconocer la especie adulta.

Las **características** que considerar para identificar plántulas de malas hierbas son las siguientes:

- ⮑ **Forma y tamaño de los cotiledones.** Los cotiledones son las primeras "hojitas" embrionarias que emergen cuando germina la semilla. Su forma es a menudo distintiva de grupos de plantas. Por ejemplo, las plántulas de cenizo (*Chenopodium album*) presentan cotiledones alargados y opuestos, mientras que las de mostaza silvestre (*Sinapis arvensis*) tienen cotiledones redondeados casi como cucharitas.
  Los cotiledones de las gramíneas son básicamente la primera hojita enrollada y son menos diagnósticos, pero su presencia única vs. dos cotiledones ya nos dice si la maleza es mono o dicotiledónea. Identificar diferencias en cotiledones puede ser la pista más temprana.
- ⮑ **Apariencia de la primera hoja verdadera.** Tras los cotiledones, la primera o primeras hojas verdaderas (ya con características "normales" de la planta) aportan datos. Observar si la hoja tiene pelos, su forma (¿es entera, lobulada?), si tiene el borde rojizo, etc., puede delatar la especie.

[26]

Por ejemplo, la plántula de *Solanum nigrum* (hierba mora) pronto saca hojas alternas de borde sinuado, mientras que Galinsoga tiene hojitas opuestas y dentadas en la orilla.

- **Hipocótilo y tallo inicial.** La sección del tallo bajo los cotiledones (hipo-cótilo) puede variar en color (verde, rojizo, purpúreo) o longitud según especie. Algunas plántulas tienen hipocótilo muy elongado (buscando luz si estaban profundas) mientras otras son más pegadas al suelo.
- **Raíz temprana.** Si se puede extraer con cuidado una plántula, ver si la raíz es pivotante o fasciculada puede ayudar. Malas hierbas dicotiledó-neas suelen tener raíz pivotante desde jóvenes (una raicilla principal), en tanto gramíneas sacan radículas fibrosas.

En viveros y almácigos, es fundamental **diferenciar las plántulas de malas hierbas de las del cultivo.** A veces, al sembrar en bandejas o eras, pueden aparecer semillas de malezas que ya estaban en el sustrato o que llegan del ambiente, creciendo junto a las plantas que sí queremos cultivar.

 **EJEMPLO**

En un semillero de hortalizas, aparecen plántulas finas de hojas estrechas que no corresponden a la especie sembrada. Si no se eliminan pensando que son parte del cultivo, esas plántulas resultan ser malezas (como *Digitaria* o *Setaria*, gramíneas) que al poco tiempo eclipsarán a las hortalizas.

Algunas de las **técnicas** más utilizadas para el **reconocimiento temprano** son las que se exponen a continuación:

Memorizar plántulas comunes
- Los viveristas experimentados llegan a reconocer "de vista" las plántulas de las malezas más comunes en su entorno. Para ello, ayuda cultivar intencionalmente algunas malezas en macetas o almácigos de muestra, observando sus primeras etapas. También existen manuales ilustrados de plántulas de malas hierbas con fotos a días de germinación, muy educativos.

Continúa en página siguiente >>

<< Viene de página anterior

Uso de guías gráficas o *apps*
- Actualmente hay aplicaciones móviles donde se le toma foto a la plántula y, mediante comparación en bases de datos, sugiere especies. También guías impresas de "plántulas de malas hierbas" producidas por universidades o instituciones agrarias. Estas guías suelen organizarse por forma de cotiledón (redondeado, alargado, acucharado, etc.), facilitando la búsqueda.

Etiquetado y observación continua
- En un vivero, se pueden marcar con una etiqueta las posiciones sembradas y cualquier plántula fuera de lugar, que nazca en sitios no sembrados o en momentos diferentes, es sospechosa de ser maleza. Observar si crece mucho más rápido o tiene aspecto distinto del resto. Por ejemplo, al sembrar césped, a veces asoman aquí o allá plántulas de hoja ancha mucho más grandes: seguramente son malezas (tréboles, diente de león) entre el pasto.

Revisar el campo o semillero **periódicamente (cada pocos días)** en la fase inicial de cultivo es clave. La detección temprana permite **arrancar manualmente** plántulas dispersas (lo cual es fácil cuando aún tienen raíces pequeñas) o **aplicar un riego con herbicida selectivo** en momento oportuno.

NOTA

Una vez que la mala hierba supera unos centímetros y arraiga firmemente, el esfuerzo o coste de eliminarla se multiplica.

TAREA 2

En sus bandejas de semillero, María observa que junto a las hortalizas sembradas han germinado varias plántulas desconocidas. Algunas presentan cotiledones estrechos y alargados, mientras que otras muestran cotiledones redondeados con un tallo rojizo.

Continúa en página siguiente >>

6. **Dormancia de semillas:**

   - Mecanismo mediante el cual las semillas permanecen viables en el suelo hasta que se den condiciones adecuadas.
   - **Estrategia:** asegurar la supervivencia a largo plazo; por ejemplo, semillas de *Amaranthus* germinan de forma escalonada durante años, dificultando el control completo.

7. **Umbrales de daño y estrategias ecológicas:**

   - Según la teoría ecológica, las malas hierbas adoptan distintas estrategias de reproducción y persistencia.
   - **Estrategias:**

     - **Estrategia "r":** crecimiento rápido, alta fecundidad y gran número de semillas pequeñas (predomina en arvenses anuales).
     - **Estrategia "K":** menor número de descendientes, pero más resistentes y duraderos (más común en perennes).

   La mayoría de las malas hierbas combinan ambos enfoques, destacando por su rápida colonización de entornos perturbados como los campos agrícolas.

 PARA SABER MÁS

Ciertas semillas de malas hierbas pueden permanecer viables durante décadas en el suelo. Un experimento clásico realizado en Michigan, EE. UU., mostró que semillas de *Verbascum* (gordolobo) aún germinaban después de más de 100 años enterradas. En condiciones naturales, malezas comunes tienen longevidades de semilla variadas: las de *Amaranthus* ~5-10 años, *Chenopodium* >20 años, *Ipomoea* (correhuela) varias décadas, etc. Esto significa que una parcela con historial de malezas puede "recordar" esas infestaciones mucho tiempo después, al germinar semillas antiguas tras remover la tierra.

Accede desde aquí a un artículo que recoge los descubrimientos más señalados del mencionado experimento:

Continúa en página siguiente >>

<< Viene de página anterior

https://redirectoronline.com/0409010104

6.2. Mecanismos de dispersión de semillas y propágulos

Las malas hierbas tienen una increíble variedad de mecanismos para **dispersar sus semillas** o propágulos y colonizar nuevos espacios. Estos mecanismos les permiten propagarse tanto dentro del campo como hacia campos vecinos o distantes. Conocer cómo se dispersan ayuda a prevenir la introducción y expansión de malezas.

Los principales **modos de dispersión** son los siguientes:

⊃ **Dispersión por viento (anemocoria).** Muchas malezas producen semillas livianas, a menudo provistas de estructuras aladas o plumosas, que el viento transporta a largas distancias:

    ◊ **Ejemplos clásicos:** el diente de león (*Taraxacum officinale)* y las compositas como *Senecio* o *Carduus* tienen vilanos (pelos sedosos) en sus aquenios que actúan como paracaídas. Estas semillas pueden volar decenas de metros; en días ventosos, incluso kilómetros. También algunas gramíneas como *Holcus* tienen espiguillas livianas.

    ◊ **Implicación agronómica:** malezas anemocoras pueden invadir rápidamente campos limpios desde terrenos aledaños. Es difícil confinar su dispersión, por lo que controlar fuentes (bordes, caminos) es importante.

⊃ **Dispersión por agua (hidrocoria).** En terrenos de regadío o zonas inundables, las semillas (o fragmentos) de malezas pueden viajar con el agua de riego, escorrentía o cauces. Semillas de *Echinochloa* (arroz salvaje) flotan y se mueven en los arrozales. Las lluvias fuertes arrastran semillas ladera abajo:

- **Ejemplo:** *Juncus* y *Cyperus* en canales.
- **Implicación:** los drenajes, acequias y canales son vías de propagación; mantenerlos limpios evita que arrastren malezas de un lote a otro.

⊃ **Dispersión por animales (zoocoria).** Aquí distinguimos:

- *Exozoocoria* **(semillas se enganchan externamente a animales):** muchas malezas tienen frutos o semillas con ganchitos, espinas o superficies pegajosas que se adhieren al pelaje de mamíferos o a la ropa humana. Ejemplos: *Xanthium spinosum* (abrojo) produce frutos espinosos que se prenden en la lana de ovejas; *Bidens pilosa* (amor seco) tiene aquenios con aristas que se pegan a la ropa. Así viajan largas distancias.
- *Endozoocoria* **(semillas ingeridas y luego excretadas):** malezas con frutos carnosos o atractivos pueden ser comidas por aves o ganado y sus semillas duras pasan por el tracto digestivo intactas, germinando lejos. Ejemplos: *Solanum carolinense* (hierba mora) es dispersada por aves; *Prosopis juliflora* (una leguminosa invasora arbustiva) por ganado.

⊃ **Dispersión por explosión o mecanismos propios (autocoria).** Algunas plantas literalmente "disparan" sus semillas al madurar. Tienen frutos dehiscentes que al secarse se tensan y lanzan las semillas a cierta distancia. Por ejemplo, el *Ecballium elaterium* (pepino del diablo) es una maleza cuyas frutas explotan expulsando las semillas con un líquido a presión. Aunque este método en general no lleva las semillas muy lejos (metros), contribuye a su distribución local dentro del campo.

⊃ **Movilidad del propágulo vegetativo.** En malezas perennes, cualquier fragmento de rizoma, tubérculo o bulbo puede considerarse "propágulo" y dispersarse. Los mecanismos son:

- **Con el movimiento de suelo por maquinaria:** si un tractor labra un campo infestado de rizomas de *Sorghum halepense,* puede arrastrar trozos hasta los bordes o adheridos al arado y depositarlos en otro sitio, iniciando un nuevo foco.
- **Con inundaciones o riego:** trozos de estolón de grama pueden flotar y reinstalarse más lejos.
- **Por actividad humana involuntaria:** por ejemplo, al descompactar tierra de un vivero, se pueden trasladar trozos de raíz de *Cyperus* a nuevas macetas.

Muchas malezas agrícolas se dispersan principalmente por la acción humana, de forma directa o indirecta. Las semillas pueden trasladarse adheridas a la **maquinaria agrícola** —como cosechadoras que pasan de un lote a otro con restos vegetales— o mezcladas en **semillas de siembra impuras,** en **forrajes transportados** o incluso en materiales contaminados. Un ejemplo conocido es el de *Ambrosia artemisiifolia* (ambrosía), una especie exótica invasora que llegó a Europa mezclada con granos importados, estableciéndose luego en campos de cultivo.

Una estrategia fundamental para el **manejo integrado de malas hierbas** consiste en **interrumpir las vías de dispersión.** Para ello se recomienda:

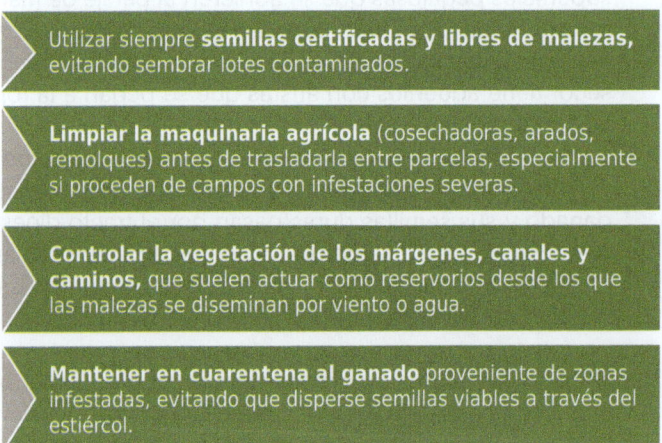

Utilizar siempre **semillas certificadas y libres de malezas,** evitando sembrar lotes contaminados.

Limpiar la maquinaria agrícola (cosechadoras, arados, remolques) antes de trasladarla entre parcelas, especialmente si proceden de campos con infestaciones severas.

Controlar la vegetación de los márgenes, canales y caminos, que suelen actuar como reservorios desde los que las malezas se diseminan por viento o agua.

Mantener en cuarentena al ganado proveniente de zonas infestadas, evitando que disperse semillas viables a través del estiércol.

En definitiva, una buena práctica de gestión consiste en **identificar cómo ha llegado la mala hierba al terreno** y **bloquear ese camino de entrada** para evitar su reaparición y expansión.

Las amapolas producen semillas muy pequeñas (≈1 mm) que pueden ser transportadas por el viento a cortas distancias y que permanecen viables en el suelo durante años.

6.3. Adaptaciones morfológicas y fisiológicas

Las malas hierbas a menudo son exitosas porque poseen **adaptaciones especiales** —en su estructura o funcionamiento— que les otorgan ventaja en ambientes agrícolas perturbados.

Veamos algunas **adaptaciones comunes:**

⮑ **Producción masiva de semillas.** Las malas hierbas invierten gran energía en producir una enorme cantidad de semillas pequeñas. Esta característica no solo favorece su dispersión, sino que también actúa como una adaptación frente a la mortalidad: aunque la mayoría de las plántulas no sobrevivan, el gran número de semillas asegura que algunas prosperen. Por ejemplo, una planta de *Amaranthus* puede llegar a producir más de 100.000 semillas diminutas en una sola temporada. Además, muchas de ellas poseen cubiertas resistentes o mecanismos de dormancia que les permiten soportar condiciones adversas.
Esta estrategia garantiza la supervivencia de la población a largo plazo, ya que algunas semillas germinan de inmediato, mientras que otras permanecen latentes durante años hasta encontrar las condiciones adecuadas.

⮑ **Baja especificidad ambiental.** Muchas malezas toleran amplios rangos de temperatura, pH de suelo, humedad, etc. Es común que sean plantas *pioneras generalistas.* Por ejemplo: *Chenopodium album* crece en suelos ácidos y alcalinos, húmedos y secos, con frío y calor.
Fisiológicamente son flexibles, algunas hacen fotosíntesis eficiente a altas temperaturas (C4), pero también sobreviven a fríos moderados. Esta plasticidad les permite colonizar diversos cultivos y regiones.

⮑ **Raíces agresivas.** Adaptaciones en el sistema radical para extraer recursos mejor que otras plantas.
Por ejemplo, *Cyperus rotundus* hace una malla densa de raíces superficiales + tubérculos para acaparar nutrientes. O *Cirsium arvense* (cardo cirsio) desarrolla largas raíces horizontales que brotan y verticales profundas que le permiten acceder a agua por debajo del nivel del cultivo. Estas raíces robustas también almacenan reservas, dando resistencia a estrés y a control (si se corta el tallo, rebrotan de raíz).

⮑ **Crecimiento rápido y hábito competitivo.** Muchas malezas crecen más rápido en altura o cobertura foliar que el cultivo, especialmente en inicios del ciclo, sombreando a las plántulas de cultivo.
Por ejemplo, *Polygonum convolvulus* (correhuela mayor) es una trepadora anual que escala sobre las plántulas de trigo, cubriéndolas. Las trepadoras o enredaderas (como *Convolvulus arvensis)* tienen zarcillos o tallos volubles para apoyarse en otras plantas y ganar altura. Otras tienen hábito rastrero pero forman una estera densa que cubre el suelo (ej.: *Portulaca oleracea,* verdolaga), impidiendo que la luz llegue a los cultivos bajos.

- ➲ **Adaptaciones reproductivas especiales.** Las más importantes son:

  - ◑ **Autofecundación:** algunas malezas pueden autopolinizarse, asegurando semillas incluso si hay pocas plantas (ej.: *Capsella bursa-pastoris,* bolsa de pastor, es autógama).
  - ◑ **Aleuria prolongada:** flores que se siguen produciendo mientras la planta tenga recursos. Galinsoga florece a las pocas semanas de nacer y continúa produciendo flores continuamente, generando "oleadas" de semillas.
  - ◑ **Poliembrionía o partenogénesis en casos raros:** ciertas *Taraxacum* producen semillas viables sin polinización (apomixis), clones de la planta madre, lo que acelera la reproducción.

- ➲ **Resistencia a herbivoría** o daños físicos. Espinas, pelos urticantes, sabores amargos o tóxicos —rasgos que disuaden a herbívoros—.
  Por ejemplo, *Solanum elaeagnifolium* (hierba del cuajo) tiene espinas que evitan que ganado la coma; *Urtica dioica* (ortiga) tiene pelos urticantes. Esto les permite persistir en potreros donde el ganado se come lo demás o en bordes donde pocos insectos las atacan.
  También hay adaptaciones a tolerar la siega o pisoteo: muchas malezas son de porte rastrero o roseta (pegadas al suelo) de modo que esquivan las cortadoras o pasan debajo del hocico del ganado —así sobreviven cortes recurrentes—. Ej.: *Plantago major* (llantén) forma roseta baja que tolera pisoteo y siega.

- ➲ **Tolerancia y resistencia a químicos.** Un desarrollo contemporáneo es la evolución de resistencias a herbicidas en ciertas poblaciones de malezas. Esto es más bien adaptación genética por selección, no un rasgo innato de la especie, pero ejemplifica la capacidad adaptativa.
  Hay biotipos de *Lolium* o *Amaranthus* resistentes a glifosato, por ejemplo. Fisiológicamente, han modificado enzimas o rutas metabólicas para sobrevivir dosis que matarían a otras plantas. Esto las convierte en "supermalezas" en campos donde se aplica repetidamente el mismo herbicida.

 **EJEMPLO**

Amaranthus palmeri (conocido como "yuyo" o "bledo de Palmer") es una maleza anual de germinación primaveral, típica de los cultivos de verano:

Continúa en página siguiente >>

<< Viene de página anterior

La Amaranthus palmeri es una maleza que destaca por su resistencia a herbicidas.

Adaptaciones principales:

* Crecimiento extremadamente rápido, pudiendo superar los 5 cm por día en condiciones óptimas.
* Planta dioica, con individuos masculinos y femeninos separados, lo que favorece una alta variabilidad genética.
* Producción de centenares de miles de semillas por planta.
* Alta tolerancia al calor y a la sequía.
* Sistema radicular profundo, que le permite aprovechar mejor la humedad del suelo.
* Poblaciones con resistencia múltiple a herbicidas en diversas regiones agrícolas.

Es una maleza altamente competitiva y persistente, capaz de reducir de manera notable el rendimiento de cultivos como la soja o el maíz. Su rápido crecimiento, abundante producción de semillas y resistencia a herbicidas la convierten en una de las malezas más difíciles de erradicar una vez establecida.

 **ACTIVIDAD 1**

Tras varias lluvias de primavera, María observa en su huerto que el *Convolvulus arvensis* (correhuela) vuelve a brotar vigorosamente desde

Continúa en página siguiente >>

<< Viene de página anterior

el suelo, incluso en zonas donde el año anterior se había segado por completo. ¿Qué característica biológica de las siguientes explica este comportamiento?

- **Es una planta anual de ciclo corto que completa su vida en pocas semanas.**
- **Es una planta bienal que almacena reservas y florece al segundo año.**
- **Es una planta perenne con órganos subterráneos que le permiten rebrotar tras periodos adversos.**
- **Es una planta anual estacional que germina cada primavera a partir de nuevas semillas.**

Solución

El *Convolvulus arvensis* es una maleza perenne que sobrevive gracias a un sistema radicular profundo y extensas raíces horizontales que actúan como reservas de energía. Estas estructuras le permiten rebrotar tras cortes, sequías o heladas, asegurando su persistencia durante años. A diferencia de las anuales o bienales, no depende exclusivamente de nuevas semillas para regenerarse, lo que la convierte en una de las especies más difíciles de erradicar en cultivos.

---

7. Plantas parásitas de interés agrícola

☞ HILO CONDUCTOR

En una finca vecina, María observa hebras amarillas sobre plantas de alfalfa y descubre que se trata de cuscuta, una planta parásita. Al investigar, conoce también el jopo y el muérdago, y comprende su impacto en los cultivos. Desde entonces revisa raíces y bordes con cuidado y usa semillas certificadas para prevenir infestaciones.

Dentro de la vegetación espontánea no deseada, existe un grupo particular de plantas que merecen atención especial: las **plantas parásitas.** A diferencia de la mayoría de las plantas, las parásitas obtienen sus nutrientes (total o parcialmente) **a expensas de otra planta** a la cual se **unen físicamente** mediante órganos especiales (haustorios).

En agricultura, algunas plantas parásitas se comportan como "malas hierbas" de los cultivos, ya que se instalan sobre plantas cultivadas y les causan daños significativos.

7.1. Definición y tipos de parasitismo

Planta parásita es aquella que, en al menos una fase de su vida, absorbe agua y/o nutrientes de otra planta viva (su "hospedero"), normalmente mediante una conexión directa de sus tejidos.

El parasitismo vegetal puede ser **total** o **parcial:**

Parásitas holoparásitas
- Son plantas completamente parásitas, que no tienen clorofila ni capacidad fotosintética propia, por lo que dependen totalmente del hospedero para obtener azúcares, además de agua y minerales. Suelen tener aspecto pálido o amarillento, sin hojas verdes.

Parásitas hemiparásitas (semiparásitas)
- Son plantas que parasitan solo parcialmente a su hospedero. Normalmente sí tienen clorofila y fotosintetizan, pero extraen del hospedero agua y sales minerales (y a veces una fracción de azúcares) para complementar sus necesidades. Suelen tener hojas verdes (aunque a veces de tono más claro o amarillento) y pueden llevar una vida autónoma limitada.

Según dónde se unen al hospedero, las parásitas también se clasifican en:

Parásitas de raíz
- Germinan en el suelo y sus plántulas buscan la raíz de una planta hospedera para fijarse.

Parásitas de tallo
- Germinan en suelo o sobre el hospedero mismo y se unen a tallos o ramas.

También existen parásitas **obligadas** (no pueden completar su ciclo sin parasitar, como *Orobanche*) versus **facultativas** (pueden parasitar si hay hospedero, pero también hacer vida libre; pocas arvenses son de este tipo, un ejemplo es *Triphysaria* en California). La mayoría de las que nos interesan en agricultura son obligadas.

Los **tipos de parasitismo agrícola** más frecuentes son los siguientes:

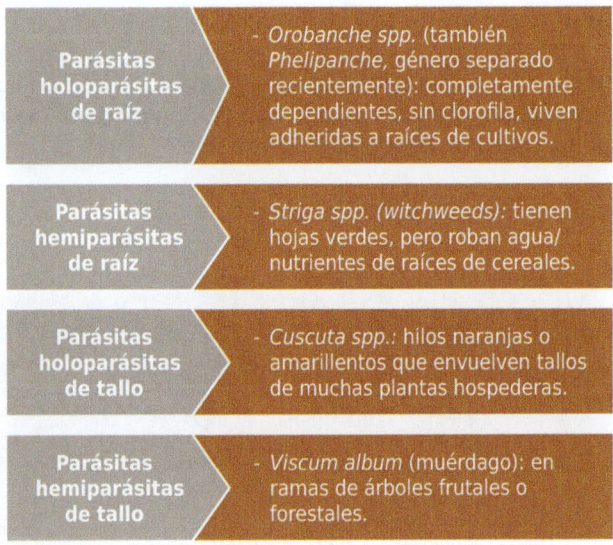

Parásitas holoparásitas de raíz	*- Orobanche spp.* (también *Phelipanche,* género separado recientemente): completamente dependientes, sin clorofila, viven adheridas a raíces de cultivos.
Parásitas hemiparásitas de raíz	*- Striga spp. (witchweeds):* tienen hojas verdes, pero roban agua/nutrientes de raíces de cereales.
Parásitas holoparásitas de tallo	*- Cuscuta spp.:* hilos naranjas o amarillentos que envuelven tallos de muchas plantas hospederas.
Parásitas hemiparásitas de tallo	*- Viscum album* (muérdago): en ramas de árboles frutales o forestales.

7.2. Especies más frecuentes y daños ocasionados

En la agricultura de la región mediterránea —y también en otras zonas templadas y tropicales del mundo— existen diversas **plantas parásitas de importancia agronómica** que afectan a una amplia variedad de cultivos.

Estas especies se caracterizan por **vivir a expensas de otras plantas,** de las que extraen agua, sales minerales o incluso materia orgánica elaborada, reduciendo el vigor y la productividad de los cultivos hospedantes.

Entre las más representativas se encuentran:

⮑ *Orobanche spp.* **(jopos).** Las especies del género *Orobanche* son plantas holoparásitas de raíz, muy conocidas en la agricultura mediterránea por su capacidad de afectar cultivos leguminosos y oleaginosos. Carecen totalmente de clorofila, por lo que no realizan fotosíntesis y dependen por completo del hospedero para obtener nutrientes. Emergen desde el suelo en forma de espigas florales gruesas y de color amarillento o marrón, y cada especie suele especializarse en determinados cultivos. Estas plantas provocan amarillez, marchitez y pérdidas severas de rendimiento, que en infestaciones graves pueden alcanzar hasta el 100 %. Además, cada ejemplar produce miles de semillas diminutas capaces de sobrevivir en el suelo durante décadas, lo que dificulta enormemente su control.

El ejemplar de Orobanche alba parasita principalmente plantas de tomillo, destacando por sus flores tubulares rosadas y su ausencia de clorofila.

➲ *Cuscuta spp.* **(cabellos de ángel).** La cuscuta es una planta holoparásita de tallo que forma marañas filamentosas de color amarillo anaranjado sobre hortalizas y plantas forrajeras. Carece de raíces y hojas verdes, y obtiene sus nutrientes mediante haustorios que se conectan al floema de la planta hospedera. Su presencia puede cubrir por completo la vegetación, reduciendo la fotosíntesis y debilitando los cultivos. Las semillas, pequeñas y redondas, pueden permanecer latentes de 5 a 10 años y dispersarse junto con las semillas de cultivo. Además, puede transmitir virus entre plantas, agravando el daño.

El ejemplar de Cuscuta spp. (cabellos de ángel) se distingue por sus tallos filiformes que envuelven al hospedero, interfiriendo en su desarrollo sin necesidad de contacto con el suelo.

● ***Striga* spp. (estrigas o *witchweed*).** La estriga es una planta hemiparásita de raíces muy perjudicial para cultivos de cereales y caña en regiones tropicales y subtropicales. A diferencia de las holoparásitas, conserva hojas verdes y puede realizar fotosíntesis parcial, aunque depende del hospedero para absorber agua y nutrientes. Se fija a las raíces de plantas como el maíz o el sorgo, provocando amarillez, marchitez y pérdidas de rendimiento que pueden alcanzar entre el 30 % y el 80 %. Además, produce miles de semillas diminutas que permanecen viables durante años, lo que dificulta su erradicación y amenaza la agricultura de subsistencia.

El ejemplar de Striga hermonthica mostrado en la imagen es una planta hemiparásita que afecta cultivos tropicales, capaz de realizar fotosíntesis parcial mientras extrae recursos del hospedero.

➲ ***Viscum album*** (**muérdago**). El muérdago (*Viscum album*) es una planta hemiparásita de tallo muy común en regiones templadas, especialmente sobre árboles frutales y forestales como manzanos, olivos o álamos. Aunque realiza fotosíntesis parcial, obtiene del hospedero el agua y las sales minerales necesarias para su desarrollo. Su presencia provoca debilitamiento progresivo del árbol, reducción de la fructificación y secado de ramas, además de favorecer su rotura por fragilidad. Se disemina gracias a las aves, que consumen sus bayas blancas y depositan las semillas pegajosas en otras ramas.

El ejemplar de Viscum album mostrado forma masas densas sobre las ramas del árbol hospedador, absorbiendo agua y minerales mientras realiza fotosíntesis parcial.

En conjunto, las plantas parásitas representan una amenaza persistente para la productividad agrícola, ya que sus efectos se manifiestan tanto en el crecimiento de las plantas hospedantes como en la calidad del producto final.

Resumiendo, sus principales **impactos** son los siguientes:

> **Reducción directa del vigor del cultivo**
> - Al extraer agua y nutrientes del hospedero, las parásitas provocan pérdida de crecimiento, debilitamiento y menores rendimientos.

> **Degradación de la calidad del producto**
> - En los cultivos forrajeros, la presencia de especies como *Cuscuta* disminuye la calidad del forraje; en frutales, los árboles parasitados producen menos frutos y de menor tamaño o calidad.

Continúa en página siguiente >>

<< Viene de página anterior

Aumento de los costos de control y cuarentenas
- Algunas infestaciones obligan a aplicar medidas drásticas, como arrancar plantas a mano, dejar el terreno en barbecho durante años o cambiar de cultivo. Además, elevan los costos de limpieza de semillas y pueden requerir restricciones cuarentenarias para evitar la propagación.

Daño acumulativo
- Las plantas hospedantes parasitadas se vuelven más susceptibles al estrés hídrico, a plagas y enfermedades, lo que agrava el deterioro general del cultivo.

 TAREA 3

Durante una visita al campo, María observa tres tipos de plantas inusuales:

- En el borde de una parcela de alfalfa, ve hebras finas y amarillas que se enredan sobre los tallos.
- En un cultivo de habas, detecta espigas gruesas de color marrón que emergen directamente del suelo, sin hojas verdes.
- En un olivo viejo, distingue masas verdes redondeadas sobre las ramas, como pequeños ramilletes.

A partir de estas observaciones:

- Identifica a qué plantas parásitas podría corresponder cada caso.
- Explica qué tipo de parasitismo presenta cada una (total o parcial).
- Describe los daños más comunes que producen en los cultivos y una medida de control preventiva.

8. Resumen

La vegetación espontánea no deseada o maleza incluye las plantas que crecen sin ser cultivadas y que interfieren con los cultivos. Compiten por luz, agua y nutrientes, sirven de refugio a plagas y aumentan los costes agrícolas. Sin embargo, cuando son escasas, algunas pueden resultar beneficiosas, protegiendo el suelo, aportando materia orgánica o sirviendo de hábitat a insectos útiles.

Las malas hierbas se clasifican según:

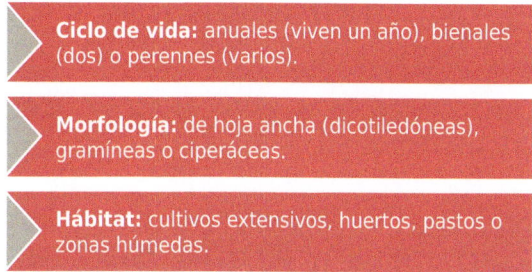

Ciclo de vida: anuales (viven un año), bienales (dos) o perennes (varios).

Morfología: de hoja ancha (dicotiledóneas), gramíneas o ciperáceas.

Hábitat: cultivos extensivos, huertos, pastos o zonas húmedas.

Identificarlas correctamente es fundamental. Para ello se usan claves botánicas y guías visuales que permiten reconocerlas incluso en estado de plántula, observando cotiledones, hojas o raíces. Detectarlas a tiempo evita que compitan con los cultivos desde etapas tempranas.

Cada especie tiene su biología y estrategias de supervivencia: algunas completan su ciclo en semanas, otras rebrotan cada año desde rizomas o tubérculos. Muchas producen miles de semillas pequeñas con dormancia, capaces de permanecer años en el suelo. También se dispersan por viento, agua, animales o actividad humana, lo que complica su control.

Las malezas destacan por sus adaptaciones:

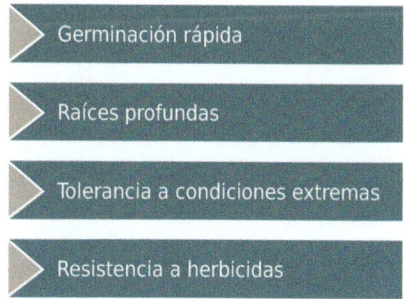

Germinación rápida

Raíces profundas

Tolerancia a condiciones extremas

Resistencia a herbicidas

Dentro de ellas, las plantas parásitas (*Orobanche, Cuscuta, Striga, Viscum album*) son un grupo especial que extrae agua y nutrientes de otras plantas, debilitando gravemente cultivos como la alfalfa, el girasol o los frutales.

En conjunto, comprender la ecología, identificación y comportamiento de las malas hierbas permite aplicar estrategias de manejo integrado, reduciendo daños sin eliminar completamente su papel dentro del ecosistema agrícola.

Ejercicios de autoevaluación
Unidad de Aprendizaje 1

1. **¿Qué se entiende por vegetación espontánea no deseada en el contexto agrícola?**

   a. Plantas ornamentales que embellecen los cultivos.
   b. Plantas cultivadas por el agricultor para mejorar el suelo.
   c. Plantas que crecen sin ser sembradas y compiten con los cultivos.
   d. Plantas adaptadas exclusivamente a ambientes naturales.

2. **¿Qué factor permite clasificar las malas hierbas según su ciclo de vida?**

   a. La altura máxima que alcanzan.
   b. El color de sus flores.
   c. El tiempo que tardan en completar su desarrollo.
   d. El tipo de suelo donde crecen.

3. **¿Qué tipo de mala hierba vive varios años y puede rebrotar desde estructuras subterráneas?**

   a. Anual de verano
   b. Bienal
   c. Perenne
   d. Estacional

4. **Indica si las siguientes oraciones son verdaderas o falsas:**

   a. Las malas hierbas anuales completan todo su ciclo en una sola estación.

   - Verdadero
   - Falso

   b. Las malezas perennes solo se reproducen por semillas y no por rizomas o raíces.

   - Verdadero
   - Falso

c. Las bienales necesitan dos años para producir flores y semillas.

- Verdadero
- Falso

5. ¿Qué herramienta se utiliza para identificar una especie vegetal a partir de sus características morfológicas?

a. Tabla de cultivo
b. Ficha de abonado
c. Clave dicotómica
d. Registro de tratamientos

6. ¿Qué tipo de dispersión utilizan las semillas de diente de león *(Taraxacum officinale)*?

a. Por animales (zoocoria)
b. Por agua (hidrocoria)
c. Por explosión (autocoria)
d. Por viento (anemocoria)

7. ¿Cuál de las siguientes especies es una planta parásita holoparásita que emerge del suelo sin clorofila?

a. *Orobanche ramosa* (jopo)
b. *Striga hermonthica* (estriga)
c. *Viscum album* (muérdago)
d. *Cuscuta campestris* (cabello de ángel)

8. Indica si las siguientes oraciones son verdaderas o falsas:

a. Las *Cuscuta spp.* son parásitas de tallo que forman marañas amarillentas sobre las plantas hospedantes.

- Verdadero
- Falso

b. Las *Striga spp.* se adhieren a las raíces de cereales y caña para absorber agua y nutrientes.

- ■ Verdadero
- ■ Falso

c. El muérdago *(Viscum album)* carece totalmente de clorofila y no realiza fotosíntesis.

- ■ Verdadero
- ■ Falso

9. ¿Qué adaptación favorece la persistencia de las malas hierbas en ambientes agrícolas?

a. Producción escasa de semillas
b. Gran capacidad de germinación y tolerancia ambiental
c. Dependencia total de un cultivo específico
d. Crecimiento lento y especializado

10. Indica si las siguientes oraciones son verdaderas o falsas:

a. Las malas hierbas pueden cumplir funciones beneficiosas, como proteger el suelo frente a la erosión.

- ■ Verdadero
- ■ Falso

b. La limpieza de la maquinaria agrícola ayuda a evitar la dispersión de semillas de malezas.

- ■ Verdadero
- ■ Falso

c. Las semillas de muchas malezas permanecen viables solo unos pocos meses en el suelo.

- ■ Verdadero
- ■ Falso

Asociación con cultivos, perjuicios y elaboración de herbarios

Contenido

Objetivos

Los objetivos específicos de esta Unidad de Aprendizaje son:

→ Analizar cómo las principales especies de vegetación espontánea no deseada se asocian a determinados cultivos y ambientes.

→ Comprender la influencia de factores como clima, suelo y prácticas agronómicas en la composición de las comunidades de malas hierbas.

→ Evaluar los perjuicios que las malas hierbas causan sobre la producción agrícola.

→ Aplicar técnicas para la conservación y estudio de las malas hierbas mediante la elaboración de herbarios.

→ Valorar la incidencia de la vegetación espontánea no deseada en cultivos específicos.

→ Proponer medidas de manejo adecuadas considerando la importancia de un control integrado de malezas.

1. Introducción

La vegetación espontánea no deseada —o malas hierbas— no aparece de forma aleatoria: su presencia en un cultivo responde a un conjunto de factores del entorno, como el tipo de suelo, el clima o las prácticas agrícolas que se aplican. Comprender estas asociaciones permite anticipar qué especies surgirán en cada situación y evaluar su efecto sobre los cultivos. Algunas malezas compiten directamente por el agua, la luz y los nutrientes, reduciendo el rendimiento; otras, en cambio, pueden indicar desequilibrios del suelo o incluso ofrecer cierta protección frente a la erosión.

A lo largo de esta unidad analizaremos cómo se relacionan las malas hierbas con los cultivos, los perjuicios que causan en la productividad agrícola y la forma de valorar su incidencia para tomar decisiones de manejo más eficaces. Además, aprenderemos a elaborar un herbario de malas hierbas, que servirá tanto para conservar ejemplares de referencia como para aprender a reconocer y compartir el conocimiento sobre las especies presentes en el campo.

Retomemos el caso de María, la agricultora. Tras identificar las malas hierbas de su huerto en la unidad anterior, ahora quiere entender por qué algunas malezas aparecen siempre con ciertos cultivos y qué impacto real están teniendo en su producción.

2. Hábitat y factores condicionantes (clima, suelo, cultivos)

👉 HILO CONDUCTOR

María recorre sus parcelas y se da cuenta de que no todas "ensucian" igual: en el bajo, con suelo arcilloso y húmedo, abundan juncias; en la loma arenosa, aparecen *Amaranthus* y *Chenopodium* tras los riegos. Revisa lluvias, temperaturas y su forma de manejar (densidad, laboreo, herbicidas usados) y entiende que ese combo clima-suelo-prácticas está "invitando" a unas malezas y no a otras.

La presencia y abundancia de ciertas malas hierbas en un terreno agrícola no es aleatoria: responde a los **factores ambientales** y al manejo agronómico del lugar.

Entre los **factores condicionantes** más importantes se encuentran:

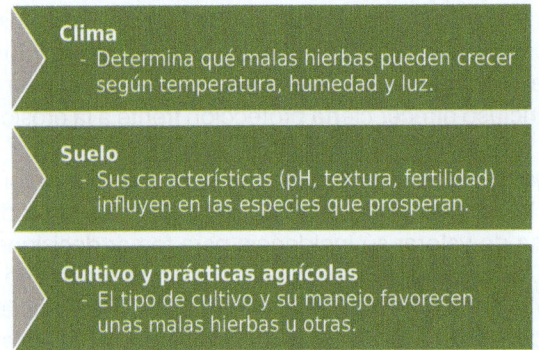

Clima
- Determina qué malas hierbas pueden crecer según temperatura, humedad y luz.

Suelo
- Sus características (pH, textura, fertilidad) influyen en las especies que prosperan.

Cultivo y prácticas agrícolas
- El tipo de cultivo y su manejo favorecen unas malas hierbas u otras.

Estos factores determinan qué especies de la flora arvense local encontrarán las condiciones óptimas para prosperar en un sitio dado.

2.1. Clima (temperatura y régimen de lluvias)

Cada región presenta malas hierbas propias según temperatura, humedad y luz disponible.

El clima de una región define una "oferta" de malas hierbas adaptadas a él:

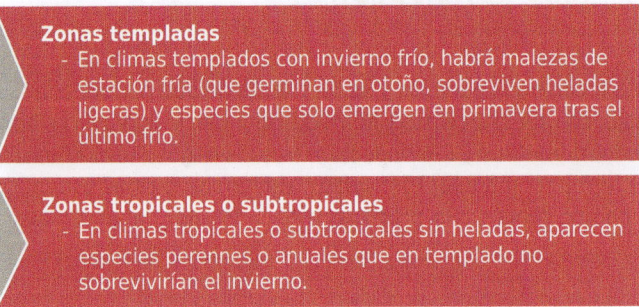

Zonas templadas
- En climas templados con invierno frío, habrá malezas de estación fría (que germinan en otoño, sobreviven heladas ligeras) y especies que solo emergen en primavera tras el último frío.

Zonas tropicales o subtropicales
- En climas tropicales o subtropicales sin heladas, aparecen especies perennes o anuales que en templado no sobrevivirían el invierno.

Continúa en página siguiente >>

<< Viene de página anterior

Temperatura
- La temperatura influye en la germinación, ya que algunas semillas requieren cierto umbral térmico. Ej.: *Setaria* germina cuando suelos superan ~15 °C, por eso es maleza de verano.

Lluvias
- El régimen de lluvias define disponibilidad hídrica: especies suculentas como verdolaga dominan en veranos secos de regadío, mientras que en zonas de lluvias abundantes veraniegas proliferan otras de porte más alto.

 **EJEMPLO**

En zonas mediterráneas se ven muchas hierbas de ciclo invierno (amapolas, vallicos) que aprovechan la lluvia invernal y mueren en verano seco; en climas húmedo-cálidos, malezas como *Cyperus rotundus o Amaranthus* crecen casi todo el año.

2.2. Tipo de suelo (textura, fertilidad, pH, humedad)

Las **propiedades edáficas** —es decir, las características físicas y químicas del suelo— influyen directamente en la composición de la vegetación espontánea.

Cada tipo de suelo ofrece condiciones distintas de aireación, humedad, nutrientes o acidez, y las malas hierbas se adaptan a ellas desarrollando estrategias específicas de supervivencia:

➲ **Textura y compactación:**

- Influyen en la aireación, el drenaje y la retención de agua, determinando qué malas hierbas pueden establecerse.
- Los suelos arcillosos y compactos favorecen especies adaptadas a la falta de oxígeno, como *Cyperus, Rumex o Agrostis*.
- Los suelos arenosos y sueltos benefician plantas tolerantes a la sequía, como Centaurea.

⊃ **Fertilidad y nutrientes:**

⊙ En suelos ricos en nitrógeno prosperan especies nitrófilas como *Amaranthus* o *Chenopodium.*

⊙ En suelos pobres o degradados, dominan especies resistentes como Vulpia.

⊙ Algunas malezas indican el estado del suelo: *Urtica dioica* (exceso de nitrógeno), Senecio (pobreza del terreno) o Portulaca (suelos fértiles y removidos).

⊃ **pH y química:**

⊙ Los suelos ácidos favorecen especies acidófilas como *Rumex acetosella.*

⊙ Los suelos alcalinos o calcáreos benefician plantas calcícolas como *Chenopodium album.*

⊙ En pastizales, las calcícolas prefieren terrenos con caliza, y las acidófilas, suelos pobres en carbonatos.

⊃ **Humedad edáfica:**

⊙ La disponibilidad de agua determina las especies que pueden crecer.

⊙ En suelos húmedos o encharcados predominan *Echinochloa* o *Cyperus difformis.*

⊙ En suelos secos o de secano prosperan especies resistentes a la sequía como *Salsola* o *Lobularia maritima.*

NOTA

La presencia de determinadas especies puede servir como **indicador natural** de las condiciones del terreno, ayudando a interpretar su textura, compactación, fertilidad o pH sin necesidad de análisis complejos.

2.3. Cultivos y prácticas agronómicas

El **tipo de cultivo** y las **técnicas agronómicas utilizadas** determinan en gran medida qué especies de malas hierbas aparecen y cómo se comportan.

Así, el manejo del cultivo no solo influye en su productividad, sino también en la composición y abundancia de la flora arvense asociada. A continuación, se muestran algunos de los factores agronómicos más influyentes en esta relación:

⟳ Densidad y cobertura del cultivo:

⟩ Los cultivos densos (como alfalfa o trigo espeso) sombrean el suelo, dificultando la germinación de malezas que necesitan luz, como *Amaranthus*.

⟩ En cambio, los cultivos de marco amplio (maíz, hortalizas en filas) dejan claros entre líneas, donde las malas hierbas aprovechan la luz directa para desarrollarse.

⟳ Época de siembra y ciclo del cultivo:

⟩ Los cultivos de invierno (siembra otoñal) favorecen malezas de esa estación, como *Lolium* o *Papaver*.

⟩ Los de primavera-verano permiten la aparición de *Chenopodium* o *Portulaca*.

⟩ En cultivos perennes y regados, como la alfalfa, la humedad constante permite la germinación continua de malezas durante todo el año.

⟳ Laboreo vs. no laboreo:

⟩ El laboreo frecuente reduce plantas perennes, pero estimula la germinación de anuales al exponer semillas superficiales.

⟩ Los sistemas de no labranza mantienen las semillas enterradas; dominan gramíneas anuales (*Lolium, Avena*) y perennes persistentes.

⟩ El rastrojo superficial en siembra directa puede actuar como acolchado, limitando algunas malezas y favoreciendo otras.

⟳ Rotación de cultivos:

⟩ La rotación interrumpe los ciclos de las malas hierbas y evita que unas pocas especies dominen.

⟩ Un monocultivo prolongado (como trigo continuo) selecciona especies resistentes, como *Lolium* o amapola.

⟩ Alternar con otros cultivos (ej., maíz en verano) rompe el ciclo biológico de esas malezas y permite aplicar estrategias de control diferentes.

⊃ Uso de herbicidas e insumos:

◊ El uso repetido del mismo herbicida selecciona malezas resistentes o tolerantes, como *Conyza* (rama negra) en campos tratados con glifosato.

◊ Esta presión química modifica la flora arvense a largo plazo, haciendo necesario alternar productos y prácticas para mantener el equilibrio y la eficacia del control.

NOTA

Cada parcela tiene una "firma" de malezas dictada por su clima y suelo (lo que puede germinar allí) y por su historial de cultivos y manejo (lo que ha sido favorecido o suprimido). Entender estos factores es importante para predecir problemas y planificar estrategias.

3. Asociación de especies entre vegetación espontánea y cultivos

☞ **HILO CONDUCTOR**

Con el calendario en mano, María compara cultivos y ve patrones: en trigo de invierno siempre brotan vallico y amapola; en maíz de verano, *Digitaria* y *Amaranthus*; en la huerta, verdolaga tras los riegos. Al reconocer esas parejas cultivo-maleza, adelanta el problema: sabe qué esperar antes de sembrar y ajusta rotaciones y labores para romper la "costumbre" de cada campo.

En cada cultivo se desarrolla una comunidad característica de malezas, en parte por los factores vistos (época del año, manejo, etc.) y en parte por **interacciones ecológicas** entre las malezas mismas y el cultivo.

Hablamos de **asociación de especies** cuando ciertas malas hierbas se encuentran sistemáticamente vinculadas a determinados cultivos. Identificar estas asociaciones es útil: el productor ya sabe qué "flores indeseables" esperar en su campo de maíz versus en su campo de habas, por ejemplo.

Algunos ejemplos y patrones de asociación cultivo-maleza:

- **Cereales de invierno (trigo, cebada).** En estos cultivos predominan las malas hierbas que nacen en otoño e invierno, como la avena loca (*Avena fatua*), el vallico (*Lolium rigidum*), la amapola (*Papaver rhoeas*) o la mostaza (*Sinapis arvensis*). Estas especies germinan poco después de la siembra del cereal y completan su ciclo junto a él. Crecen bien porque el cereal no cubre totalmente el suelo y les deja pasar la luz.
- **Maíz y sorgo (cultivos primavera-verano).** Aquí dominan las malas hierbas que prefieren el calor, como *Echinochloa colonum* (pata de gallina), *Digitaria sanguinalis* (zacate rojo) o *Amaranthus retroflexus* (yuyo colorado). También pueden aparecer *Datura stramonium* (estramonio) o *Ipomoea purpurea* (campanilla). Todas compiten intensamente con el maíz por el agua, la luz y los nutrientes, sobre todo en las primeras semanas.
- **Arroz inundado.** El arroz tiene malezas muy específicas porque crece en suelos con agua constante. Son comunes *Echinochloa crus-galli* (arroz salvaje), *Cyperus difformis* y *Fimbristylis miliacea*, además del arroz rojo, que se confunde con el cultivo y reduce el rendimiento. Estas plantas están adaptadas a vivir sumergidas o encharcadas.
- **Cultivos hortícolas de huerta (hortalizas de hoja, de raíz, etc.).** Por los riegos frecuentes y la tierra removida, aparecen malas hierbas que crecen rápido y en grandes cantidades, como *Portulaca oleracea* (verdolaga), *Chenopodium album* (cenizo), *Stellaria media* (pamplina) o Oxalis (trébol de huerta). También puede aparecer la correhuela (*Convolvulus arvensis*), que es perenne y difícil de eliminar.
- **Leguminosas de grano (guisante, haba, garbanzo).** Suelen tener malas hierbas parecidas a las de los cereales, pero además pueden sufrir la presencia de *Orobanche crenata* (jopo), una planta parásita que se alimenta de las raíces y puede arruinar el cultivo.
- **Viñedos y frutales de hoja caduca (cultivos leñosos).** Las malas hierbas cambian según el manejo del suelo. Si se labra con frecuencia, aparecen anuales de invierno como amapolas y malvas. En cambio, si se deja cubierta vegetal o no se labra, surgen perennes como *Conyza*, *Erigeron* o *Cyperus rotundus* (juncia). En cultivos leñosos, si no se controlan, pueden instalarse especies duras como la grama o la zarzamora.
- **Pastos y praderas permanentes.** En los pastos sobrepastoreados aparecen especies que el ganado no come, como cardos, aulaga o *Senecio jacobaea*. Su presencia indica un mal manejo del pastizal.

Cada tipo de cultivo tiene sus malas hierbas típicas, que se adaptan a su época de siembra, humedad y manejo del suelo. Conocer estas asociaciones permite prevenir infestaciones y planificar mejor el control.

 **ACTIVIDAD 2**

Se observa que en la parte baja de una finca, donde el suelo es arci-lloso y se encharca tras las lluvias, predominan las juncias *(Cyperus difformis)*. En cambio, en la loma arenosa, más seca y bien drenada, aparecen *Amaranthus* y *Chenopodium*. ¿Qué factor principal explica esta diferencia en la flora arvense?

Solución

Los principales factores que explican esta diferencia son las propiedades del suelo, especialmente la humedad y la textura.

Las juncias se desarrollan en suelos arcillosos, compactos y húmedos, mien-tras que *Amaranthus* y *Chenopodium* prosperan en suelos sueltos, arenosos y fértiles, con buena aireación. Esto demuestra cómo la textura y la humedad del suelo determinan qué especies de malas hierbas predominan en cada zona de una misma finca.

---

4. Perjuicios causados sobre la producción agrícola

☞ **HILO CONDUCTOR**

Una mañana, María observa su maíz recién emergido y nota que las malezas crecen más rápido: el suelo se seca antes, las plantas de maíz se estiran bus-cando luz y el abonado de cobertera "desaparece". Además, detecta pulgones en arvenses del borde. Comprende que el daño no es solo competir por recursos; también hay riesgo sanitario y de calidad si deja avanzar la infestación.

Ya conocemos que las malas hierbas compiten y causan pérdidas, pero en esta sección detallaremos los **perjuicios específicos** que sufren los culti-vos por su causa. Estos perjuicios se pueden agrupar en varias **categorías principales:**

Competencia por agua, luz y nutrientes	- Las malas hierbas consumen los mismos recursos que el cultivo (agua, minerales del suelo y luz solar), reduciendo la disponibilidad para las plantas cultivadas. Esto hace que el cultivo crezca más lentamente y con menor vigor.
Disminución de rendimientos	- Como consecuencia de esa competencia, el cultivo produce menos, ya sea en cantidad (menor rendimiento) o en calidad (productos más pequeños o menos uniformes).
Vehículo de plagas y enfermedades	- Muchas malas hierbas sirven de refugio o reservorio para insectos, hongos, bacterias o virus que luego atacan al cultivo. También facilitan la propagación de ciertas enfermedades o plagas entre parcelas.

4.1. Competencia por agua, luz y nutrientes

Este es el efecto negativo más directo y universal de las malas hierbas: **compiten con el cultivo por los recursos del entorno,** dado que coexisten en el mismo espacio y tiempo.

Esta competencia se manifiesta de diversas **maneras:**

➲ **Competencia por agua.** Las malas hierbas consumen parte de la humedad del suelo, sobre todo en secano o en periodos sin riego. Esto deja menos agua disponible para el cultivo, que sufre estrés hídrico y reduce su crecimiento. Algunas especies tienen raíces más profundas y agotan el agua de las capas bajas, pudiendo provocar pérdidas importantes de cosecha. Incluso en regadío, una alta densidad de malezas aumenta el gasto de agua por evapotranspiración.
➲ **Competencia por nutrientes.** Las malas hierbas absorben los nutrientes esenciales (nitrógeno, fósforo, potasio) más rápido que el cultivo. Especies como *Avena fatua, Amaranthus* o *Chenopodium* pueden agotar el nitrógeno antes de que el cultivo lo aproveche, provocando deficiencias y plantas más pequeñas o pálidas. En casos graves, pueden llegar a quitarle hasta un 40 % del nitrógeno disponible.
➲ **Competencia por luz.** Cuando las malezas crecen más rápido o alcanzan mayor altura, sombrean al cultivo e impiden su correcta fotosíntesis. En soja, *Ipomoea* o *Xanthium* pueden cubrir completamente las plantas; en cebolla, un tapiz de *Stellaria* bloquea la luz a las plántulas. El periodo crítico de competencia suele ser el inicio del ciclo del cultivo (por ejemplo, las primeras 4-6 semanas en maíz) y, si no se controla en ese tiempo, la pérdida de rendimiento es irreversible.

⮌ **Espacio físico y arquitectura radicular.** Las malas hierbas también ocupan el espacio y dificultan el desarrollo radicular del cultivo. Algunas, como *Cynodon dactylon,* forman redes de raíces que bloquean el crecimiento de las plántulas, mientras que otras trepadoras o parásitas, como *Cuscuta,* pueden envolver los tallos e impedir el desarrollo normal de la planta.

IMPORTANTE

La competencia con malas hierbas es más dañina cuando ocurre al inicio del cultivo. Si las malezas aparecen desde la siembra, impiden que el cultivo se establezca bien y, aunque luego se eliminen, el daño ya está hecho. En cambio, si el cultivo crece primero sin competencia, resiste mejor la presencia posterior de malezas.

4.2. Disminución de rendimientos

La consecuencia final más tangible de esa competencia (y otros efectos) es la **disminución del rendimiento** del cultivo. Esto puede medirse en reducción de kilogramos de producto cosechado por hectárea, comparando parcelas limpias vs. parcelas con malezas.

Las pérdidas de rendimiento causadas por las malas hierbas **varían mucho según el cultivo, el tipo de maleza y el grado de infestación,** pero en general pueden ser muy importantes si no se aplican medidas de control adecuadas:

Cultivos anuales	- En los cultivos anuales, las malas hierbas reducen la producción al competir por agua, luz y nutrientes durante las fases críticas de crecimiento. Si la competencia se mantiene sin control, las plantas cultivadas desarrollan menos hojas, raíces o frutos.
Cultivos hortícolas	- En los cultivos hortícolas, que suelen tener un follaje más bajo y un ciclo más corto, los efectos son especialmente visibles, ya que incluso una competencia breve puede disminuir notablemente la cosecha.

Continúa en página siguiente >>

<< Viene de página anterior

Frutales y viñedos	- En los frutales y viñedos, la pérdida de rendimiento no siempre se nota de forma inmediata, pero la presencia continua de malezas puede afectar al desarrollo de los árboles jóvenes, dificultar las labores agrícolas y reducir la calidad del fruto o del vino en el largo plazo.

Más allá de cantidad, a veces afectan la **calidad** del producto. Para entender y predecir cuánto daño causan, los agrónomos han creado **modelos de competencia,** que estiman la pérdida de rendimiento según **cuántas malas hierbas hay** y **qué tipo de especies son.**

En teoría, podría pensarse que cada planta de maleza produce un daño fijo ("cada una quita tanto"), pero en realidad la relación es **más compleja.** A medida que aumenta la densidad de malas hierbas, el rendimiento no baja de forma proporcional, sino **más rápidamente** después de cierto punto. Además, no todas las especies compiten igual: una planta grande y vigorosa, como *Amaranthus,* perjudica mucho más que una pequeña, como *Matricaria.* Por eso se calculan **índices de competencia,** que miden la capacidad de cada especie para quitar recursos al cultivo.

De esa idea nace el concepto de **umbral económico.** Significa que, hasta cierto nivel de infestación, las pérdidas son tan pequeñas que **no merece la pena gastar dinero en eliminarlas.** Pero cuando la densidad aumenta y el daño empieza a superar el coste del control, **sí conviene intervenir.**

NOTA

Este principio se usa en el manejo integrado de malas hierbas, que busca controlar solo cuando es necesario, equilibrando los costes, los beneficios y el impacto ambiental.

4.3. Vehículo de plagas y enfermedades

Otro perjuicio importante de las malezas es su papel como **reservorio** o **vehículo** de plagas y enfermedades.

Esto se da de varias maneras:

- **Hospedantes de insectos plaga.** Muchas plagas, como pulgones o moscas blancas, sobreviven en malezas cuando no hay cultivos. Desde esas plantas silvestres migran luego al cultivo principal. Por ejemplo, los pulgones de cereales viven en gramíneas de los bordes y luego pasan al trigo o cebada.
- **Refugio de enfermedades (patógenos).** Algunas malezas albergan hongos, bacterias o virus sin mostrar síntomas, sirviendo de reservorio. El cenizo *(Chenopodium album)*, por ejemplo, puede mantener el virus del mosaico del pepino. También hongos del suelo como Fusarium o Verticillium sobreviven en raíces de malezas, reduciendo la eficacia de la rotación de cultivos.
- **Atracción de vectores.** Ciertas malezas con flores atraen insectos transmisores de enfermedades (pulgones, trips, chicharritas), que luego se desplazan a los cultivos.
- **Puente verde (*green bridge*).** Si entre cosechas se dejan malezas vivas, las plagas encuentran alimento y se mantienen activas hasta el siguiente cultivo. En cambio, eliminar la vegetación durante el barbecho corta el ciclo y reduce su incidencia.
- **Refugio de fauna dañina.** Las malezas altas o densas también sirven de refugio a roedores o aves que pueden causar daños en los cultivos, sobre todo en bordes o canales de riego.

También hay interacciones de malezas con **nematodos** del suelo. Muchas malas hierbas pueden ser hospedantes de nematodos fitopatógenos *(Meloidogyne,* etc.), permitiendo que sigan multiplicándose en ausencia del cultivo principal. Si un campo infectado de nematodos se deja con malezas susceptibles, la población de nematodo no decae, sigue alta cuando regresa el cultivo.

DEFINICIÓN

Nematodos
Son gusanos microscópicos que viven en el suelo, invisibles a simple vista. Aunque existen muchas especies diferentes, algunos de ellos son fitoparásitos, es decir, se alimentan de las raíces de las plantas, debilitándolas y provocando daños en los cultivos.

Raíces con agallas provocadas por nematodos del género Meloidogyne, que interfieren en la absorción de nutrientes y debilitan el desarrollo de la planta.

 ## ACTIVIDAD COMPLEMENTARIA

2. Reflexiona y busca información sobre los perjuicios que causan las malas hierbas en la producción agrícola, analizando cómo influyen en el rendimiento, la calidad de los cultivos y la propagación de plagas y enfermedades.

   · ¿Cuál de los tres tipos de perjuicios te parece más grave: la competencia por agua, luz y nutrientes; la disminución del rendimiento; o su papel como vehículo de plagas y enfermedades? Justifica tu respuesta.
   · ¿Por qué crees que los primeros estadios de desarrollo del cultivo son los más sensibles a la competencia con las malas hierbas?
   · ¿Qué consecuencias puede tener a largo plazo no controlar la presencia de malas hierbas en una finca agrícola?

5. Elaboración de herbarios

 ## HILO CONDUCTOR

Para no dudar más con las identificaciones, María empieza un herbario de su finca: colecta ejemplares completos, los prensa, monta y etiqueta con fecha,

Continúa en página siguiente >>

<< Viene de página anterior

parcela y cultivo. Con esos pliegos enseña al personal a reconocer plántulas y adultos, compara campañas y consulta cuando aparece algo raro. Su "biblioteca de plantas" se convierte en apoyo directo para decidir el manejo.

Un **herbario** es una colección de plantas secas, preservadas y etiquetadas, que se organiza con fines científicos, educativos o de referencia.

Elaborar un herbario de vegetación espontánea (malas hierbas) es una actividad muy útil en el contexto agrícola:

En esta sección aprenderemos los pasos para la correcta confección de un herbario, desde la recolección en campo hasta su conservación a largo plazo.

5.1. Finalidad didáctica y científica

La finalidad principal de elaborar un **herbario** es **preservar material vegetal acompañado de información fiable**, de modo que esté disponible siempre que se necesite.

Su utilidad abarca desde la enseñanza y la investigación hasta la resolución de problemas prácticos, como **identificar si una planta es tóxica o confirmar su especie comparándola con ejemplares conservados:**

Didáctica (educativa)
- Un herbario de malas hierbas ayuda a entrenar el reconocimiento de especies fuera del campo e incluso a comparar muchas especies similares lado a lado. Es, por así decirlo, una "biblioteca de plantas" que el alumnado puede consultar para sus estudios. En formaciones sobre sanidad vegetal, por ejemplo, es muy útil tener pliegos de las principales malezas para mostrar a futuros técnicos.

Científica y técnica
- En investigación agronómica, un herbario puede documentar la flora arvense asociada a cultivos en diferentes regiones y años, sirviendo para comparaciones a lo largo del tiempo.
- También puede aportar muestras para análisis de laboratorio: de una planta de herbario se puede extraer ADN (si está bien conservada) para estudios genéticos de poblaciones de malezas o analizar contenido de nutrientes/toxinas.

Consulta y diagnóstico
- Un herbario es referencia para identificar plantas desconocidas. Los técnicos pueden comparar una muestra nueva con pliegos de herbario para confirmar si es la misma especie.

5.2. Materiales necesarios

Antes de elaborar un herbario, es necesario contar con **el equipo y los materiales adecuados.**

La calidad del resultado depende tanto del conocimiento botánico como del cuidado en la recolección, secado y conservación de las muestras. Disponer de instrumentos básicos permite mantener la forma y el color de las plantas, evitando su deterioro. Además, un sistema organizado facilita su uso posterior en tareas educativas o de investigación.

A continuación, se detalla el conjunto de equipos y materiales imprescindibles para elaborar un herbario de vegetación espontánea, explicando su función y algunos sustitutos sencillos para quienes comienzan con recursos limitados.

Equipo de campo

Se refiere al **conjunto de herramientas y materiales** utilizados durante la recolección de las plantas en el terreno.

Incluye todo lo necesario para **cortar, manipular, identificar y conservar temporalmente las muestras antes de su secado.** Su objetivo es obtener ejemplares completos, limpios y con información precisa del lugar donde fueron encontrados:

Prensa botánica	- Dispositivo formado por dos tablas de madera o cartón rígido perforado, unidas con correas o tornillos. Sirve para comprimir las plantas entre papeles absorbentes y mantenerlas planas mientras se secan, evitando que se deformen.
Papel secante o periódicos	- Hojas de papel absorbente que se colocan entre las plantas dentro de la prensa. Ayudan a eliminar la humedad y a conservar las muestras sin que se pudran.
Tijeras de podar o navaja	- Herramientas para cortar trozos de la planta (hojas, flores, tallos o frutos) sin dañarla, obteniendo muestras limpias y representativas.
Pala o azadilla pequeña	- Sirve para extraer plantas completas con raíces, lo cual es muy útil en el caso de las malas hierbas, ya que permite observar el tipo de raíz (pivotante, fibrosa, con tubérculos, etc.).
Bolsas de plástico o papel	- Se utilizan para guardar temporalmente las plantas recolectadas, evitando que se mezclen. Las bolsas de papel son preferibles si se va a conservar la muestra por más tiempo, porque permiten transpiración y evitan el moho.
Libreta de campo y lápiz	- Instrumentos esenciales para anotar datos importantes de cada recolección (lugar, fecha, tipo de suelo, cultivo, observaciones). El lápiz es mejor que el bolígrafo porque escribe incluso cuando está húmedo y no se corre la tinta.

Materiales de montaje

Son los elementos empleados una vez que las plantas ya están secas, para fijarlas, etiquetarlas y conservarlas de forma permanente en el herbario.

Permiten que las muestras queden orden**adas, protegidas y listas para su estudio o consulta,** asegurando su buena conservación a largo plazo:

- **Hojas de herbario.** Cartulinas gruesas (generalmente de unos 42 × 28 cm) donde se montan las plantas secas. Se recomienda que sean libres de ácido para evitar que el papel se degrade con el tiempo.
- **Cinta engomada, adhesiva o pegamento (PVA).** Materiales para fijar las plantas a las hojas de herbario. Se pueden usar tiras de papel engomado que se humedecen y se adhieren sobre los tallos o raíces, o pegamentos neutros que no dañen el material vegetal.
- **Sobres pequeños.** Se pegan en la hoja para guardar partes sueltas de la planta, como semillas, frutos o fragmentos que puedan desprenderse.
- **Etiquetas impresas.** Contienen la información básica de la muestra: nombre científico, lugar y fecha de recolección, hábitat, nombre del recolector, etc. Se colocan normalmente en la esquina inferior derecha de la hoja.
- **Armario o cajas de herbario.** Espacios destinados a almacenar los pliegos terminados. En los herbarios profesionales se usan muebles metálicos cerrados; en un herbario casero bastan cajas de cartón o carpetas grandes guardadas en un lugar seco.
- **Productos preservantes.** Sustancias o métodos usados para proteger las muestras de insectos y hongos. Se pueden emplear bolitas de naftalina, insecticidas en polvo o congelar periódicamente los pliegos para eliminar posibles plagas.

 **NOTA**

En general, el kit no es costoso: muchas cosas se improvisan. Por ejemplo, si no se tiene prensa, se pueden hacer pilas entre tablas con peso encima (libros) para secar. Pero lo listado es ideal.

 **VÍDEO**

El video *Cómo hacer un herbario* del canal Siembra Escuela Botánica muestra, paso a paso, cómo recolectar, prensar, secar y montar plantas en una hoja de herbario, explicando de forma práctica y sencilla el proceso completo de elaboración de un herbario educativo.

Continúa en página siguiente >>

<< Viene de página anterior

Accede al vídeo desde aquí:

https://redirectoronline.com/0409010201

5.3. Recogida, prensado y montaje

La **recogida (colecta en campo)** es la **fase más importante** del proceso, ya que la calidad de la muestra recolectada determinará el resultado final del herbario.

Una muestra mal seleccionada o dañada será difícil de identificar y conservar correctamente. Por eso, durante la colecta deben seguirse algunos **criterios básicos** de selección, manejo y registro de datos. Como son:

⇨ **Elegir ejemplares representativos.** Seleccionar plantas que muestren todas las partes importantes. Se intenta recolectar la planta completa o un vástago representativo:

    ↺ Para hierbas pequeñas, se saca entera con raíz incluida (limpiando un poco la tierra).
    ↺ Para hierbas grandes, se puede tomar una rama con flores y frutos.

Es fundamental que la muestra incluya órganos reproductivos (flores, frutos o semillas) y, si es posible algo de la raíz, porque eso es clave en identificación de malezas.

⇨ **Tamaño de la muestra.** Pensar que debe caber en la cartulina. Si es muy grande, se puede doblar en forma de V o N antes de prensar, o cortar en segmentos (ej.: tallo en dos partes). Las hojas muy largas se acomodan dobladas. Lo importante es que quepa sin sobresalir excesivamente.

⇨ **Cortar con cuidado.** Se utiliza la tijera o navaja para separar la muestra de la planta madre sin maltratarla. Si es perenne y seguirá ahí, dejar parte para que rebrote. Si es una anual abundante, no hay problema en sacar toda la planta.

⮑ **Etiquetar la muestra en campo.** Mientras se recolecta, inmediatamente asignar un número o código a esa muestra y anotarlo en la libreta con su descripción. Por ejemplo "#7: *Chenopodium album,* borde surco maíz, 15/08/25, Finca X, muy común". Y ese con "#7" marcar la bolsa que la contiene. Así no confundes luego de qué lugar era cada una.

⮑ **Conservar muestras frescas hasta prensar.** Lo ideal es meterlas pronto en prensa en el campo mismo. Pero, si no, se guardan en bolsas plásticas a la sombra, no más de un día. Se pueden envolver en papel húmedo si hace mucho calor para que no se marchiten (especialmente flores). Lo recomendado es prensar la noche del mismo día de colecta a más tardar, para que sequen con forma fresca y colores mejor conservados.

El **objetivo** del prensado y secado es **deshidratar las plantas manteniendo su forma y color** lo más intactos posible.

Este proceso transforma las muestras frescas en pliegos planos, duraderos y fáciles de manejar:

Colocación en la prensa
- La colocación en la prensa consiste en disponer la planta entre hojas de papel secante o periódico, extendiendo cuidadosamente sus hojas y flores para que queden visibles y no se superpongan. Se pueden incluir etiquetas o notas provisionales junto a la muestra. Si se prensan varias plantas, se separan con cartones o cartulinas, formando un conjunto alternado de capas —tabla, papel, planta, papel, cartón— que permite un secado uniforme.

Apretar la prensa
- Se ajustan las correas o tornillos para aplicar presión uniforme. Debe ser firme, pero no tanto que aplaste y destroce tejidos (aunque plantas herbáceas resisten bien). Esta presión mantiene la planta plana conforme se seca y evita arrugas excesivas.

Secado adecuado
- Es crítico secar rápido para prevenir mohos y perder menos color. Lo ideal es cambiar los papeles secantes al día siguiente y sucesivos, especialmente si la planta era jugosa.
- Una forma casera es usando un ventilador que sople aire a través de la prensa. En herbarios profesionales se usan hornos a 40-50 °C con ventilación.

Consideraciones especiales
- Se realizan estrategias sobre las redes o medios sociales más Las plantas carnosas o con estructuras gruesas deben prepararse con cuidado: se recomienda cortarlas longitudinalmente para prensar solo una parte. Las flores grandes, como las orquídeas, pueden presecarse con arena o papel secante antes de montarlas. En el caso de malezas comunes, normalmente no es necesario.

Una vez seca la muestra, se pasa al **montaje definitivo,** que consiste en fijarla sobre la hoja de herbario y añadir toda la información necesaria.

Este paso convierte la planta prensada en una muestra científica o didáctica completa:

○ **Disposición en la hoja.** Se coloca la planta seca sobre la cartulina de herbario (que suele ser blanca). Se busca una distribución estética y funcional: que quepa completa en la hoja, dejando la esquina inferior derecha libre para la etiqueta (por costumbre se pone la etiqueta en esa esquina).

La correcta disposición permite observar todas las partes de la planta y facilita su identificación.

○ **Fijación.** Con tiras de cinta engomada se sujetan tallos y partes que pudieran soltarse. Se suele poner una tira sobre tallo principal en 2-3 puntos y sobre otras partes pesadas (por ejemplo, sobre la raíz si es gruesa, sobre un racimo de frutos).
Las hojas sueltas se pegan con un toquecito de pegamento. La idea es que la planta quede firme incluso si se pone vertical el pliego, pero evitando cubrir demasiado con cinta para que se vea.

○ **Etiqueta.** La etiqueta definitiva incluye datos básicos como el nombre científico, localidad, fecha, recolector y observaciones. Esta etiqueta se pega en la cartulina. En herbarios personales a veces se pone además nombre común y usos si tiene, para la parte didáctica.

Las etiquetas aportan los datos científicos y de procedencia esenciales del espécimen.

● **Secar pegamentos.** Si se usó pegamento, se deja la hoja en posición horizontal hasta que seque completamente. La muestra queda así lista para formar parte del herbario.

5.4. Conservación y acondicionamiento

Lograr un herbario no termina con pegar las plantas. Es vital **conservar** adecuadamente los pliegos para que duren años o décadas sin deteriorarse.

El enemigo principal es la **humedad,** que produce mohos y ablanda los tejidos. Los armarios o cajas con los pliegos deben guardarse en sitios secos, con buena ventilación y preferiblemente control de humedad. Temperatura ambiente fresca ayuda también. En climas húmedos se suelen usar deshumidificadores en la sala:

> **Congelar los pliegos nuevos antes de incorporarlos al herbario**
> - Muchos herbarios institucionales hacen esto con cada ingreso para matar huevos de insectos que vengan.

> **Colocar repelentes/insecticidas en los armarios**
> - Clásicamente naftalina o paradiclorobenzeno en bolitas dentro (aunque hoy se usa menos por toxicidad). Se pueden usar bolsitas de lavanda seca o clavo de olor como repelentes naturales, pero su eficacia es limitada. Revisar cada cierto tiempo y reemplazar.

Continúa en página siguiente >>

<< Viene de página anterior

> **Inspecciones periódicas**
> - Cada 6-12 meses revisar si hay señales de infestación (puntitos negros, excremento, polvillo, huecos nuevos). De hallarse, aislar esos pliegos y fumigar localmente. Para plagas masivas, a veces se fumiga todo el armario con algún gas insecticida de archivos (bastante extremo).

NOTA

Es buena práctica no introducir al herbario objetos o papel ajeno que pueda traer huevos. Por ejemplo, no guardar muestras no totalmente secas ni plantas frescas cerca.

Un herbario se suele ordenar taxonómicamente (por familias, géneros) o alfabéticamente. Es muy importante llevar un **inventario:** un listado o base de datos con todas las muestras, sus datos y localización (caja, número). Así se puede encontrar rápido cuando se busca. También es útil para saber qué se tiene y qué falta.

Para conservar la integridad de las muestras y evitar su deterioro, se recomienda:

➲ **Manipulación adecuada:**

- Manipular siempre los pliegos sobre una superficie plana, como una mesa.
- Sujetar por los bordes de la cartulina, sin tocar directamente la planta.
- Evitar la exposición prolongada al sol, que puede decolorar los tejidos.

➲ **Transporte y protección**

- Transportar los pliegos en carpetas rígidas para evitar dobleces.
- Mantenimiento y reparación.
- Si alguna parte se despega, repararla con cinta o pegamento neutro.
- Si la etiqueta se suelta, volver a pegarla en su posición original.

➲ **Conservación digital:**

◑ Digitalizar las muestras (fotografías o escaneos) como respaldo frente a posibles daños.

Un herbario nunca está "terminado"; uno puede seguir agregando nuevas especies, actualizando identificaciones (a veces algo estaba mal identificado, se corrige la etiqueta), etc. Mantenerlo vivo requiere dedicación, pero es muy útil.

 CONSEJO

Poner en cada caja un papel con la lista de especies que contiene acelera la búsqueda. Y actualizarlo si se añade/quita algo.

 TAREA 4

María está creando un herbario con las principales malas hierbas que aparecen en su finca. Planifica y describe los pasos que seguirías para elaborar un pliego de herbario completo de una especie de vegetación espontánea, incluyendo:

1. Materiales que utilizarías en campo y en el montaje.
2. Procedimiento de prensado y secado.
3. Criterios para disponer la planta y la etiqueta en la hoja final.
4. Recomendaciones básicas de conservación.

6. Valoración de la incidencia ejercida por la vegetación espontánea no deseada sobre los cultivos

☞ HILO CONDUCTOR

En trigo, María hace un muestreo rápido: cuenta vallico/m², anota que el cultivo está en fase temprana y calcula si supera el umbral económico. Pondera el destino del grano, el coste del control y el efecto a futuro sobre el banco de semillas. Con todo, redacta un breve informe.

La **valoración de la incidencia** de las malas hierbas permite comprender su efecto real sobre el rendimiento y la salud de los cultivos, así como sobre la rentabilidad de la explotación agrícola.

A continuación, se detallan los **principales aspectos** que deben considerarse en esta valoración:

- **Identificación de especies dominantes.** El primer paso es saber qué especies de malas hierbas hay y cuántas.
  No tiene el mismo impacto encontrar unas pocas plantas aisladas que una cobertura densa de todo el campo.
  Para medirlo se hacen muestreos (por ejemplo, cuadrantes o transectos) donde se anota la especie, la cantidad por metro cuadrado, su tamaño y su estado (si están floreciendo o no). Con estos datos se determina cuáles son las más importantes y abundantes.
- **Umbrales de daño económico.** Cada cultivo tiene un nivel de tolerancia a las malas hierbas, llamado "umbral de daño económico".
  Si la cantidad de malezas es baja, puede que no cause pérdidas importantes, y el coste de eliminarla no compense.
  Si se supera ese umbral, las pérdidas son mayores que el coste del control, por lo tanto, sí conviene intervenir.
  Por ejemplo, si 10 plantas de vallico por metro cuadrado en trigo ya reducen el rendimiento, y el campo tiene 50, el problema es grave.
- **Etapa del cultivo.** El momento del ciclo del cultivo en que aparecen las malezas también influye.

  - Si surgen al inicio (cuando el cultivo está creciendo), compiten más fuerte y pueden reducir el rendimiento.

◑ Si aparecen al final (cuando el cultivo ya cubre el suelo), el daño será menor, aunque pueden molestar la cosecha o dejar semillas en el lote.

⮞ **Tipo de cultivo y destino del producto.** La importancia del daño depende del tipo de cultivo:

◑ En hortalizas o cultivos de alto valor, incluso unas pocas malezas pueden ser un gran problema, ya que dificultan la recolección o reducen la calidad visual del producto.
◑ En cultivos para alimentación, algunas malezas pueden contaminar o volver tóxica la cosecha.

⮞ **Incidencia sanitaria.** Algunas malezas sirven de refugio a plagas o enfermedades.
Por ejemplo, ciertas especies pueden hospedar virus, hongos o insectos que después afectan al cultivo.
Evaluar esto es importante para prevenir contagios o brotes sanitarios en el campo.

⮞ **Costes de manejo y rentabilidad.** Se debe comparar el coste de actuar (herbicidas, mano de obra, maquinaria) con el coste de no hacer nada (pérdida de producción o calidad).
Si el control cuesta menos que la pérdida que provocan las malezas, vale la pena aplicarlo. Este cálculo es la base del umbral económico de intervención.

⮞ **Efecto a futuro: el banco de semillas.** Aunque haya pocas malezas visibles, si se las deja florecer y soltar semillas, el problema crecerá el año siguiente.
Por ejemplo, solo unas pocas plantas de *Amaranthus* pueden producir decenas de miles de semillas.
Por eso, incluso infestaciones pequeñas pueden tener una incidencia alta a largo plazo.

⮞ **Visión global de la explotación.** La valoración debe hacerse pensando en toda la finca, no solo en una parcela.
Si solo un campo tiene muchas malezas, se prioriza allí el control.
Si todo el conjunto está afectado, se planifican acciones a medio plazo, como rotaciones o limpieza de maquinaria.

⮞ **Herramientas para la valoración.** Hoy se usan diferentes herramientas para facilitar esta tarea:

◑ Listas de chequeo o planillas de campo para registrar especies y densidad.
◑ Mapas de infestación, que muestran en colores las zonas con más o menos malezas.

◑ Drones o imágenes satelitales, que ayudan a estimar la cobertura y a aplicar control localizado solo donde hace falta.

⊃ **Elaboración de un informe técnico.** Con todos los datos recogidos, se puede hacer un informe de incidencia.
Por ejemplo:
"Lote 3 (maíz): cobertura de malezas del 30 %. Especies principales: sorgo de Alepo (15 rebrotes/m²) y *Viola arvensis* (20 plántulas/m²). Periodo crítico en curso (V4-V6). Pérdidas estimadas: >25 %. Recomendación: control químico dirigido en 2 semanas. Alto riesgo de plagas: presencia de pulgón en Viola. Incidencia global: alta; se justifica intervención".
Este tipo de informe resume qué especies hay, cuán graves son y qué acciones deben tomarse.

ACTIVIDAD 3

Durante una revisión de campo, María observa que en una parcela de trigo en fase temprana hay una presencia notable de vallico. Realiza un conteo de 45 plantas por metro cuadrado y detecta algunas zonas con *Amaranthus* en floración. Al comparar con los datos técnicos, recuerda que el umbral económico de daño para trigo se sitúa en torno a 10 plantas/m². Además, el coste del control es asumible y el cultivo está en etapa sensible. Teniendo en cuenta estos datos, ¿qué valoración de las siguientes sería la más adecuada?

- **No realizar control, ya que la presencia de malezas es baja y el cultivo está en fase avanzada.**
- **Esperar a la cosecha para evitar gastos innecesarios, ya que el problema no afectará al año siguiente.**
- **Aplicar control, ya que la densidad supera el umbral económico y las malezas pueden afectar al rendimiento y aumentar el banco de semillas.**
- **Ignorar el problema, porque el vallico no influye en la rentabilidad del cultivo.**

Solución

La valoración correcta es aplicar control, puesto que la densidad de malezas supera ampliamente el umbral económico de daño, el cultivo se encuentra en una fase crítica de crecimiento y el coste de la intervención resulta menor que

Continúa en página siguiente >>

<< Viene de página anterior

la pérdida potencial. Además, permitir que especies como el *Amaranthus* florezcan incrementaría el banco de semillas, agravando la infestación en futuras campañas.

Las demás opciones no consideran el impacto a corto y largo plazo ni los principios básicos de la valoración técnica de incidencia.

---

7. Resumen

La presencia de malas hierbas en los cultivos no es casual. Depende del **clima, el tipo de suelo y las prácticas agrícolas:**

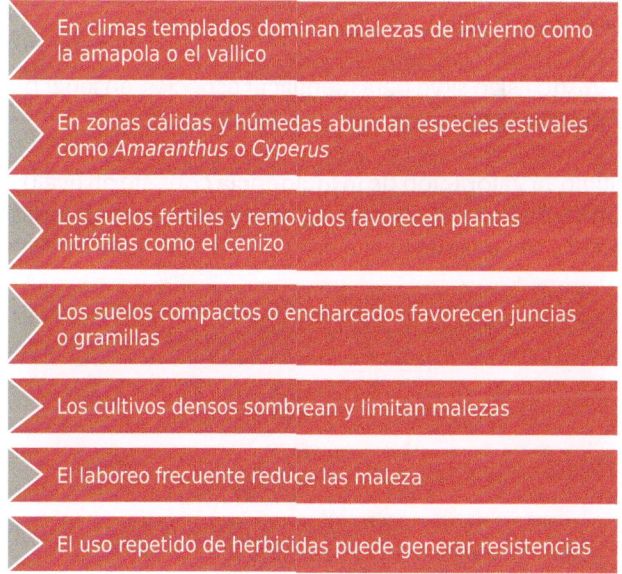

En climas templados dominan malezas de invierno como la amapola o el vallico

En zonas cálidas y húmedas abundan especies estivales como *Amaranthus* o *Cyperus*

Los suelos fértiles y removidos favorecen plantas nitrófilas como el cenizo

Los suelos compactos o encharcados favorecen juncias o gramillas

Los cultivos densos sombrean y limitan malezas

El laboreo frecuente reduce las maleza

El uso repetido de herbicidas puede generar resistencias

Cada cultivo tiene su **flora arvense característica.** Estas asociaciones ayudan al técnico a prever qué especies surgirán y planificar los controles más adecuados.

Las malas hierbas **perjudican los cultivos** al competir por agua, luz y nutrientes. Si no se controlan durante el periodo crítico del crecimiento, reducen el vigor y el rendimiento. También afectan la calidad de la cosecha, dificultan la recolección y pueden contaminar el producto con semillas tóxicas.

El **herbario** es una herramienta científica y didáctica que permite conservar plantas secas como referencia. Elaborarlo implica varias fases:

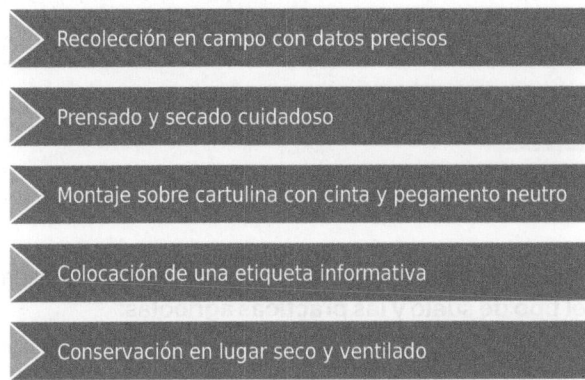

Recolección en campo con datos precisos

Prensado y secado cuidadoso

Montaje sobre cartulina con cinta y pegamento neutro

Colocación de una etiqueta informativa

Conservación en lugar seco y ventilado

Este registro físico sirve para identificar especies, enseñar botánica agrícola y comparar la flora arvense con el paso del tiempo.

Por último, la **valoración de la incidencia** consiste en evaluar qué daño real causan las malezas. Se identifican las especies más abundantes, se mide su densidad y se comparan los datos con los **umbrales de daño económico**.

Ejercicios de autoevaluación
Unidad de Aprendizaje 2

1. En una finca con suelo arcilloso encharcable en la parte baja predominan juncias *(Cyperus),* mientras que en una loma arenosa y bien drenada aparecen *Amaranthus* y *Chenopodium.* ¿Qué factor explica principalmente esta diferencia?

   a. La rotación de cultivos de los últimos 10 años.
   b. El tipo de maquinaria utilizada.
   c. Las propiedades edáficas (textura y humedad del suelo).
   d. La presencia de setos perimetrales.

2. ¿Qué conjunto de malas hierbas se asocia con más frecuencia a cereales de invierno (siembra otoñal)?

   a. *Avena fatua, Lolium rigidum, Papaver rhoeas, Sinapis arvensis.*
   b. *Amaranthus retroflexus, Digitaria sanguinalis, Datura stramonium.*
   c. *Cyperus difformis, Echinochloa crus-galli, Fimbristylis miliacea.*
   d. *Conyza spp., Cynodon dactylon, Ipomoea purpurea.*

3. En el arroz inundado, ¿qué especies son típicas de la asociación cultivo-maleza?

   a. *Portulaca oleracea* y *Stellaria media.*
   b. *Echinochloa crus-galli, Cyperus difformis* y *Fimbristylis miliacea.*
   c. *Papaver rhoeas* y *Lolium rigidum.*
   d. *Datura stramonium* y *Xanthium strumarium.*

4. ¿Cuál es la definición correcta de umbral económico de daño?

   a. La densidad de malezas a partir de la cual es imposible cosechar.
   b. El máximo de malezas toleradas por razones ambientales.
   c. El nivel de infestación a partir del cual las pérdidas superan el coste del control.
   d. El número de especies diferentes presentes en una parcela.

5. Respecto a la competencia cultivo-maleza, ¿cuándo es más crítica para el rendimiento?

    a. Al final del ciclo, cerca de la cosecha.
    b. En las primeras fases del cultivo (periodo crítico de competencia).
    c. Durante el almacenamiento del grano.
    d. Únicamente en cultivos perennes.

6. En la elaboración de un herbario, ¿qué información es imprescindible en la etiqueta del pliego?

    a. Solo el nombre común de la planta.
    b. Nombre científico, localidad, fecha y recolector (más observaciones).
    c. Precio de mercado de la especie.
    d. Marca de la prensa utilizada.

7. ¿Cuál de las siguientes afirmaciones sobre malas hierbas y sanidad es correcta?

    a. No pueden hospedar plagas si están fuera del lote cultivado.
    b. Solo transmiten enfermedades fúngicas, nunca virales.
    c. Pueden actuar como "puente verde", manteniendo plagas y patógenos entre cultivos.
    d. Reducen plagas al competir con ellas por el alimento.

8. Indica si las siguientes oraciones son verdaderas o falsas:

    a. La textura, pH y fertilidad del suelo influyen en qué malas hierbas prosperan en una parcela.

        ■ Verdadero
        ■ Falso

    b. Los cultivos densos y sombreados suelen dificultar la emergencia de malezas heliófilas.

        ■ Verdadero
        ■ Falso

c. El uso repetido del mismo herbicida no afecta a la composición de la flora arvense.

- ■ Verdadero
- ■ Falso

9. Indica si las siguientes oraciones son verdaderas o falsas:

a. En maíz de verano son típicas *Amaranthus* y *Digitaria*.

- ■ Verdadero
- ■ Falso

b. En hortícolas de riego es frecuente *Portulaca* (verdolaga).

- ■ Verdadero
- ■ Falso

c. Los viñedos sin laboreo nunca presentan perennes como *Conyza* o *Cyperus*.

- ■ Verdadero
- ■ Falso

10. Indica si las siguientes oraciones son verdaderas o falsas:

a. Un herbario sirve como registro de referencia para identificación y formación.

- ■ Verdadero
- ■ Falso

b. Para montar un pliego, es recomendable incluir órganos reproductivos (flores/frutos) cuando sea posible.

- ■ Verdadero
- ■ Falso

c. En conservación, es útil congelar pliegos nuevos para evitar plagas antes de archivarlos.

- ■ Verdadero
- ■ Falso

Glosario

Adventicia
Planta que crece en un lugar distinto de su hábitat natural o fuera de cultivo, introducida de forma accidental o natural.

Anual
Planta que completa su ciclo de vida (nace, florece, fructifica y muere) en menos de un año.

Banco de semillas
Reservorio de semillas viables que permanecen en el suelo y pueden germinar en años posteriores.

Bienal
Planta que necesita dos temporadas para completar su ciclo vital: la primera crece y la segunda florece y produce semillas.

Ciclo biológico
Periodo que abarca todas las fases de desarrollo de una planta, desde la semilla hasta la producción de nuevas semillas.

Competencia vegetal
Proceso mediante el cual las plantas compiten por los mismos recursos del medio (agua, nutrientes, espacio o luz).

Control biológico
Uso de organismos vivos (insectos, hongos, patógenos) para reducir la población de determinadas malas hierbas.

Control mecánico
Método físico de eliminación de malezas mediante labores como escardas, siegas o desbroces.

Flora arvense
Término botánico que designa al conjunto de especies vegetales que acompañan a los cultivos agrícolas.

Germinación
Inicio del crecimiento de una planta a partir de su semilla, influido por factores como temperatura, humedad y luz.

Herbario
Colección organizada de plantas secas, prensadas y etiquetadas, utilizada para su identificación y estudio.

Herbicida
Producto químico utilizado para eliminar o inhibir el crecimiento de malas hierbas en cultivos o terrenos.

Indicadora
Planta cuya presencia revela ciertas condiciones del suelo, como exceso de nitrógeno, acidez o compactación.

Invasora
Especie exótica que se adapta rápidamente a un nuevo ambiente, desplazando a las especies autóctonas.

Mala hierba (o maleza)
Planta que aparece en lugares donde no se desea y compite con los cultivos por recursos como agua, luz o nutrientes.

Perenne
Planta que vive varios años, rebrotando o manteniendo estructuras subterráneas (raíces, rizomas) entre estaciones.

Plántula
Etapa temprana de desarrollo de una planta, posterior a la germinación y anterior al crecimiento adulto.

Rizoma
Tallo subterráneo horizontal que permite a ciertas plantas reproducirse vegetativamente y resistir condiciones adversas.

Umbral económico de daño
Nivel de infestación de malezas a partir del cual las pérdidas económicas superan el coste del control.

Vegetación espontánea

Conjunto de plantas que crecen sin haber sido sembradas, adaptadas de forma natural a las condiciones del entorno agrícola.

Bibliografía

Monografías

→ OSCA Lluch, J. M.: *Guía para el reconocimiento de plántulas de malas hierbas.* Madrid: Editorial Agrícola Española, 2019.

> Esta guía incluye claves para el reconocimiento de malas hierbas en sus estadios iniciales de desarrollo, acompañadas de descripciones e imágenes de especies frecuentes en el área mediterránea de la península ibérica.

Textos electrónicos

→ *Control de hierbas espontáneas en agricultura ecológica,* de: <https://www.agrocabildo.org/publica/Publicaciones/agec_744_control_hierbas.pdf>.

> Guía técnica que explica métodos de control mecánico, térmico y preventivo de malezas en agricultura ecológica, con ejemplos prácticos aplicables al contexto canario.

→ *Control de la flora espontánea mediante métodos no químicos,* de: <http://gipcitricos.ivia.es/wp-content/uploads/2016/06/nota-tecnica-malas-hierbas.pdf>.

> Esta nota técnica del IVIA describe alternativas al uso de herbicidas químicos, centradas en métodos mecánicos, térmicos y culturales aplicables a cultivos hortícolas y frutales, especialmente en sistemas ecológicos e integrados.

→ *Gestión integrada de malas hierbas en frutales de pepita y de hueso,* de: <https://alfaro.es/ayuntamiento/noticias/doc/602.pdf>.

> El artículo aborda estrategias de manejo integrado de malas hierbas en frutales, combinando métodos preventivos, culturales y químicos selectivos para minimizar la competencia y mantener la sostenibilidad del cultivo.

→ *Malas hierbas de primavera-verano (I),* de:
<https://www.aragon.es/documents/20127/674325/HOJAS_
INFORMATIVAS_MALAS_HIERBAS_PRIMAVERA_VERANO_2010.
pdf/2b2052dc-c5f3-849a-38ea-73bed30a7f92>.

   Publicación divulgativa que identifica especies infestantes comunes en cultivos
   aragoneses, con claves visuales, nombres científicos y recomendaciones para
   su control según el ciclo biológico y las condiciones del terreno.

→ *Manual de laboratorio de Botánica: El herbario. Recolección, procesamiento
e identificación de plantas vasculares,* de: <https://www.uco.es/botanica/
images/documentos/material-docente/manual-herbario.pdf>.

   Manual académico que describe los pasos para la recolección, secado
   y montaje de plantas en herbarios, junto con criterios científicos de
   identificación y conservación de material vegetal.